河南新安西沃石窟整体搬迁保护研究

陈进良　甄学军　编著

学苑出版社

图书在版编目（CIP）数据

河南新安西沃石窟整体搬迁保护研究 / 陈进良、甄学军编
著 . — 北京：学苑出版社，2019.7
ISBN 978-7-5077-5701-9

Ⅰ.①河… Ⅱ.①陈…②甄… Ⅲ.①石窟—整体搬迁—
文物保护—研究—新安县 Ⅳ.① K879.294

中国版本图书馆 CIP 数据核字（2019）第 091794 号

责任编辑：周 鼎
出版发行：学苑出版社
社 址：北京市丰台区南方庄2号院1号楼
邮政编码：100079
网 址：www.book001.com
电子信箱：xueyuanpress@163.com
联系电话：010-67601101（营销部）、010-67603091（总编室）
经 销：全国新华书店
印 刷 厂：北京建宏印刷有限公司
开本尺寸：787×1092 1/16
印 张：20
字 数：350千字
版 次：2019年6月第1版
印 次：2019年6月第1次印刷
定 价：600.00元

编辑委员会

序

　　河南是全国著名的文物大省，域内文物类型繁多，石窟是其中极为重要的一类。在河南除了素有古代艺术宝库之称的洛阳龙门石窟以外，各地尚有中小型石窟40余处，它们在全国石窟类文物中占有较为重要的位置。我省的石窟营建，自484年北魏孝文帝迁都洛阳以后，进入了一个高峰期，在我省范围内相继开凿了洛阳龙门石窟、巩义石窟、安阳小南海石窟、新安县西沃石窟等众多不同规模的石窟。

　　西沃石窟位于新安县城北40千米、西沃乡西沃村东1000米青要山系延段的石山头北麓，因距西沃村最近而得名。石窟就开凿在黄河转弯处南岸的峭壁上，下距黄河水面尚有10米，上距岸边公路也有近10米。因其所处的特殊地理位置，进入石窟十分困难，所以人们对其内涵知之甚少，只是在当地群众中流传着"走塔不见塔（即从黄河的岸边走时，看不见峭壁上所雕的石塔及石窟），见塔不走塔（坐在从黄河中行走的船上可以看到塔及石窟，而却不能走到跟前），七十二座无影塔"的说法，可见该石窟是以颇具规模的造塔为主。1986年，河南省人民政府公布为河南省文物保护单位。西沃石窟是小浪底水库淹没区地上文物中唯一的一处省级文物保护单位。经河南省政府批准，拟对其进行整体搬迁保护。为了抢救这一历史文化遗产，受水利部小浪底水利枢纽建设管理局移民局和河南省文物管理局的委托，河南省古代建筑保护研究所（现河南省文物建筑保护研究院）承担了这一重任并顺利成功地将其进行整体搬迁与异地保护工作。

　　这是全国首例石窟整体搬迁保护工程，单位对此工程非常关注，从前期调研到方案确定直至工程顺利竣工，做了大量的资料收集工作。杨振威院长对本书十分重视从立项、编著到审校、出版，杨振威院长都给予了大力支持，做了许多具体工作，并在繁忙工作中专门抽出时间审阅稿件，提出宝贵建议。

自承接该书的编著任务后，陈进良先生和甄学军先生便投入了《河南新安西沃石窟整体搬迁保护研究》的资料整合、书籍编著工作。陈进良先生曾任河南省古代建筑保护研究所（现河南省文物建筑保护研究院）研究室主任，文博研究馆员。从事文物保护技术的研究和应用工作 30 余年，为文物保护事业做出了重要贡献，目前退休在家。陈进良先生主持完成的"石窟围岩崩塌的灌浆加固"及"出土饱水漆木器脱水定型研究"荣获 1978 年全国科学大会奖和全省科学大会奖；"河南信阳长台关出土饱水漆木器脱水定型研究"获河南省文物局 1992 年科技进步一等奖、国家文物局科技进步二等奖、1994 年联合国技术信息促进系统（TIPS）中国国家分部"发明创新科技之星"奖和 1995 年国家科技进步三等奖；"壁画揭取复原保护技术"和"大型唐碑搬迁复原技术"分获河南省文化厅科技进步三等奖和文化部科技进步四等奖。1998年主持完成了我国首例石窟整体搬迁保护大型工程。1994 年被文化部评为优秀专家，1995 年获国务院政府特殊津贴。撰写了论文《河南信阳长台关出土饱水漆木器脱水定型研究》《少林寺千佛殿壁画的临摹揭取与复原》等。

甄学军先生自 1986 年到单位工作至今，从事文物保护事业 33 年有余，他认真做事、踏实为学、诚恳待人的专业人士，甄学军先生曾任河南省文物建筑保护设计研究中心主任，现任河南省文物建筑保护研究院院长助理并兼任河南东方文物建筑监理有限公司总经理之职，是河南省文物建筑保护研究院业务骨干。曾主持和参与过多项全国重点文物保护单位的勘察、设计，编制过多项保护规划和修缮方案，有多篇专业论文发表于业内刊物。

此书分为五篇，分别为研究篇、勘察篇、设计篇、工程篇及资料篇。该书从西沃石窟的历史沿革、摩崖浮雕、洞窟，石窟赋存的环境地质条件、石窟岩体工程性质、石窟岩体结构概率模型模拟研究、石窟环境地质病害分析、石窟搬迁施工方案的建议，制定施工方案前所做的工作、石窟搬迁保护实施方案、石窟搬迁复原保护工程概算、保护方案专案论证，搭建工作架、揭去浮雕区顶部以上的岩体、摩崖雕刻与洞窟切割分块设计、雕刻品脱模、石窟块体的切割与加固、石窟雕刻块体的起吊、雕刻块体的运输、石窟复原组装等诸多方面翔实细致地诠释了整个西沃石窟整体搬迁工程的技术资料。书中应有尽有的石窟图纸、照片、拓片等资料不但表现了石窟真实的整体形象，还彰显了石窟搬迁的各个技术性细节，为石窟类文物整体搬迁工作提供了翔实的第一手资料以及宝贵的实际案例，具有很高的研究深度与创新水平。既满足了专著的功能需求，又为读者结合文字记述、图文对照阅读提供了便利。

《河南新安西沃石窟整体搬迁保护研究》行将付梓，是为序，以示祝贺。

河南省古代建筑保护研究所原所长

（现河南省文物建筑保护研究院）

乙亥初春

前 言

西沃石窟位于新安县城北 40 千米西沃村东 1000 米青要山系延段的石山头北麓，因距西沃村最近而得名。黄河西来，穿越豫晋交界处的八里胡同峡谷后向南奔腾，当来到西沃村时，被东西横卧的青要山阻挡，于是就来了个 90 度的急转弯向东流去。这里浪高水急，深不可测，石窟就开凿在黄河转弯处南岸的峭壁上，下距滔滔黄河水面尚有 10 米，上距岸边公路也有近 10 米。因其所处的特殊地理位置，进入石窟十分困难，所以对其内涵知之甚少，只是在当地群众中流传着"走塔不见塔（即从黄河的岸边走时，看不见峭壁上所雕的石塔及石窟），见塔不走塔（坐在从黄河中行走的船上可以看到塔及石窟，而却不能走到跟前），七十二座无影塔"的说法，可见该石窟是以塔为主和它具有的规模。可惜在 1975 年，西沃公社修筑西沃至狂口的公路时，开凿该段山崖，大部分石塔皆被炸毁，这时才引起县文物管理部门的重视。直到 1984 年洛阳市进行文物普查时，在新安县文管所、西沃乡政府的得力帮助下，由温玉成、冯永泉等同志，冒险攀登进行了勘察，并由温玉成先生执笔，把此次勘察结果在《考古》1986 年第 2 期上发表，从而引起了研究者的重视。1986 年河南省人民政府公布为河南省省级文物保护单位。

为了根治黄河水害，国家批准在位于洛阳市以北 40 千米的黄河干流上，兴建小浪底水利枢纽工程。该项工程完成后，能起到拦沙和调水调沙、减轻下游河道淤积、保障下游稳定及防洪、防凌作用，可将黄河下游防洪标准提高到千年一遇。同时还有供水、灌溉和发电的巨大效益。主体工程于 1994 年 9 月 12 日开工，李鹏总理和河南、山西两省的领导出席了开工典礼，1997 年底实现截流。西沃石窟东去 20 千米，即为小浪底水利枢纽坝址，水库建成后，石窟被永远淹没在水中。西沃石窟将成为河南省被淹地面上文物中唯一一处省级文物保护单位。为保护石窟安全，经河南省政府批准需对其进行整体搬迁保护，为了抢救这一历史珍宝，受水利部小浪底水利枢纽建设管理局移民局和河南省文物管理局的委托，河南省古代建筑保护研究所（现河南省文物

1

建筑保护研究院）承担了这一重任。

从 1995 年 4 月开始进行前期勘察研究，经过抢救保护方案的制定与论证和施工，到最后又在新安县城西的铁门镇千唐志斋按原状组装复原，共经历了整三年时间。复原后的石窟又经过了二十余年时间的考验，没有出现明显变化。我们认为这次抢救搬迁保护工程是成功的，作为中国首例石窟搬迁移地保护工作案例，其经验对我们文物保护工作的开展，具有极强借鉴意义，现把工作过程报告出版，仅供石窟爱好和研究者参考。

目录

研究篇

勘察篇

设计篇

工程篇

资料篇

研究篇

第一章　历史沿革

西沃石窟位于河南省新安县县城北 40 千米西沃村所在的青要山北麓，黄河南岸一片陡直的峭壁上。石窟高出现黄河水面约 10 米，其上部 9 米多，现有新安至石井的县级公路通过，下游 100 米处有一座长约 350 米的钢索吊桥横跨南北两岸，再往东 20 千米为黄河小浪底水库大坝坝址。黄河西来，向南穿越晋豫峡谷的尾部（俗称八里胡同）后，在这里突遇青要山悬崖横阻，形成 90 度大转弯折东流去，河面在这里宽 250 米，水深流急，河北岸为开阔的回水沉积沙滩和连绵的王屋山余脉。

西沃石窟所处的黄河拐弯处

3

从西沃石窟望西沃村

从黄河北岸远眺西沃石窟

从黄河上北岸看西沃石窟

西沃石窟西区浮雕佛塔及洞窟

因石窟所处的特殊地理环境，要进入石窟十分困难。1984年温玉成先生冒险攀崖进入洞窟，进行了一次考古调查，该窟遂引起学者的注意，1986年石窟被河南省政府公布为省级重点文物保护单位。黄河小浪底水库建成后，该处石窟将被淹没（1997年10月底）。受水利部门与河南省文物局委托，河南省古代建筑保护研究所于1995年4月对西沃石窟进行了全面勘测，为下一步将石窟搬迁至安全地带做准备工作。我们依山崖在窟前构筑了一个悬空木架，架高9米、宽1.5米，上自公路北缘向下逐级凿脚窝斜道至架板，然后进入洞窟，进行详细勘察测绘。在本次调查中又有新的发现，并获取了许多宝贵资料，现将勘测结果公布于后：

西沃石窟现存遗迹可分为东、西两区，以西区为主。东区仅一摩崖立佛龛。西区在东区以西15米处，由摩崖浮雕与洞窟两部分组成，洞窟开凿于摩崖浮雕的东侧上方，东西并列，东窟较大，为一号窟，西窟为二号窟。

西沃石窟的建造年代在题记中有明确的记录。一号窟开凿在北魏孝昌至建义年间（525～528年）；二号窟完工于北魏普泰元年（531年）；摩崖题记中的纪年多已磨灭，但"□□元年"之题记书体风格与二号窟普泰元年题记相同，王进达、比丘尼法香等人名已见于一号窟中，据此断定摩崖与洞窟系同时开凿。

西沃石窟题记中共刻窟主203名，其名衔除比丘、比丘尼外，有邑主、邑正、檀越主、都维那、维那、邑老、邑母、邑子等九种称谓，这种为造石窟而成立的民间组织常见于龙门北魏石窟造像题记中。作为邑主、邑正的王进达，可能是西沃石窟的工程组织者，在题记中六见其名；另有比丘尼法香和都邑主杜显宗，也是主要的功德主，题记文中两见其名。

西沃石窟建造时正值洛阳地区开凿中小型洞窟和小龛的最盛期，也是龙门风格的繁荣时期。北魏孝明帝时期（516～528年）在龙门风行的三种新形制的方形殿堂窟，有两种在这里得到了继承和发展。一号窟属方形佛坛式殿堂窟，窟内布局与龙门弥勒北一洞、弥勒北二洞、路洞有许多相似之处，但在内容上有新的发展和补充。宿白先生指出："三壁设坛窟……在洛阳龙门，这种窟形来源、发展俱不清楚，远离龙门的新安西沃第1窟似乎才提供了它的发展趋向。"二号窟正壁的七尊像，在内容上与龙门皇甫公窟和路洞正壁七尊像相比，又有不尽相同之处。西沃石窟的整体风格兼承云冈与龙门。摩崖中的塔形龛则与他处不同，多层楼阁式佛塔作为浮雕出现始于云冈二期，在西沃摩崖中的单层四阿式塔形龛与屋形龛用以表现千佛的形式，在河南中小型石窟中尚属罕见。在龙门普泰洞和药方洞中，有单层覆钵式塔龛零星分布，研究者认为"其形制颇为特殊"。普泰洞和药方洞的始创时间与一号窟相近，石窟中的单层塔龛，很可能是这一阶段出现的一种新的艺术表现形式，在此后不久北齐响堂山石窟的摩崖立面上，出现两种塔式并存的情况。到了隋唐安阳宝山塔林中，单层塔龛以其丰富多变、风雅多姿的艺术形象，将响堂山石窟神秘莫示的覆钵塔式陵藏喻义，广泛地应用于高僧、信士或俗人的葬制，大量采用塔龛作为最后归宿的象征。

西沃石窟的历史、艺术价值主要是：（1）雕刻品精美挺拔，与大同云冈石窟比美，首创于云冈石窟的方形佛坛窟制在此得到了发展。（2）国内唯一一处具有确切纪年（壬巳年）的北魏晚期石窟，为该时期石雕佛像形式建立了年代学的可靠依据，是我国石窟艺术研究的一项新资料。（3）大小不等的摩崖塔龛布满崖面，其中成行排列的塔形龛，是河南省北魏石窟中所仅见，在国内也属罕见；它的建造形制，填补了龙门石窟之缺。

西沃石窟在古代黄河漕运史中有着重要的地位。石窟中留存着数处古栈道遗迹，归纳起来大致有三种：（1）牛鼻形孔；（2）栈道顶部残痕；（3）方形壁孔。这些遗迹

一号（左）和二号窟（右）

与三门峡古栈道遗迹基本相同。牛鼻形孔横列于石窟上方，但彼此稍有落差，不在一条水平线上。六个孔中有五个将窟龛及题记打破，可确认此类孔属于隋唐漕运工程的组成部分。孔内纤绳磨痕很深，有三个中梁已被拉断。可以推测牛鼻形孔在这里有两个用途：第一，拉纤挽船；第二，拴船停靠进洞礼佛。虽然栈道的路基都已不存，但残存的栈道顶部痕迹在石窟区窟龛下方可以连成一线，在对岸或立于船上清晰可见。毫无疑问，西沃石窟的开凿与使用都与古栈道和漕运紧密关联，西沃之东西石壁上，历史上留下的漕运遗迹连绵延续，提供了重要的研究实物资料。

一号窟近景

第二章　摩崖浮雕

位于西区两洞窟的东侧上方，在高 4.6 米、宽 5 米的崖面上雕刻有四座仿木结构的楼阁式塔，集中分布的塔形千佛龛与屋形龛各一区，另有屋形、圆拱尖楣形龛、方形帷幔龛，两区供养人像，两则造像题记。

西区浮雕石塔及像龛

1. 楼阁式塔

一号塔在最东端，二、三、四号塔依次西列，其间距离分别为40厘米、10厘米、75厘米，各塔总高依次为220厘米、92厘米、203厘米、95厘米。四号塔未完工。塔形制均为方形楼阁式，有三级与七级之分，底部设方形基座，或直接刻出塔身。塔身宽度自下而上依次递减，每层塔檐刻出瓦垄。塔顶由覆钵、相轮与宝珠等构成塔刹。一、二、三号塔每层塔身正面开1～3个不等的佛龛，龛形有圆拱形、圆拱形龛附尖拱形龛楣和方形帷幔龛三种。龛高6.5～33厘米、宽6.5～25厘米、深1.5厘米左右。造像组合有一佛、一佛二菩萨、三佛、双佛并坐。佛均坐姿，多施禅定印，个别为说法印，坐于方座、莲花座或坛基之上。服饰分通肩、双领下垂、袒右式偏衫三种。菩

一号塔

萨衣饰基本相同，披巾覆于双肩，下垂后于胫间交叉，再搭于肘部下扬，下着裙。

一、二两塔基部之间有一突起的岩石，上凿一牛鼻形孔，直径 13 厘米、深 9 厘米，中梁残断。

2. 单层塔形千佛龛

集中分布于三、四号塔之间，上下分为六层，每层龛数 7 ~ 10 个不等，共计 51 龛。塔为方形单层，顶部置塔刹，由基座、山花蕉叶、覆钵相轮和宝珠等构成。塔身正中开圆拱尖楣小龛，龛高 8.5 厘米，内各雕一结禅定印的坐佛。

3. 屋形龛

龛形相同，屋顶部分均刻出鸱尾、正脊、垂脊与瓦垄。最西端集中分布有一区屋形千佛龛，在高 92 厘米、宽 79 ~ 90 厘米的范围内分八层雕造 39 个龛，龛高 13.6 厘米，龛内坐佛同单层塔形千佛龛中的坐佛。另在上述单层塔形千佛龛之上还有一层屋形龛。

塔形龛

屋形龛

屋形龛　　　　　　　　　　　　　　　　浮雕细部

屋形龛

在一、二号塔塔基之间，还有一个较大的屋形龛，龛高 54 厘米，正脊东端被一、二号塔基之间的牛鼻形孔凿穿。龛内雕一佛二菩萨。

浮雕屋形龛与牛鼻形孔

4. 方形帷幔龛

在二、三号塔间上方，上下共两龛，高 30.5 厘米，在方形帷幔中间再开一圆拱尖楣形龛，内雕一坐佛，龛外雕二菩萨，菩萨头上各雕一华盖。

5. 圆拱尖楣形龛

横列于三、四号塔间上方，计有五龛，龛高 28 厘米，除龛外，无方形帷幔外，造像题材与造像形式均同于方形帷幔龛中的圆拱尖楣形龛。

二号塔下有一方题记，字多剥蚀，可识者有："……元年岁……廿七日甲子……比丘尼……三劫一区……化佛日……群生……比丘尼法……信士……王进达……苦海……刊石造三劫一区……六道四生……蒙福九……"

三号塔下存题记一方，字迹剥蚀严重，不可辨识。

在一号塔右下方有两行共 11 身供养人像，均戴笼冠，穿广袖长衣，双手合十，面向佛塔。

在一号塔下方刻三行共 21 身供养人像，在持香炉的僧侣引导下持花供养，穿广袖深衣，但不戴冠。

方形帷幔龛

圆拱尖楣形龛

第三章 洞窟

1. 一号窟

一号窟为小型方形佛坛窟，位于摩崖浮雕的左下方。崖壁在此处向里凿进 17 厘米，形成一高 164 厘米、宽 155 厘米的规整崖面，一号窟即开凿在此崖面上。

窟门圆拱形，高 120 厘米、宽 90 厘米、厚 30～40 厘米。尖拱形门楣饰火焰纹，尖拱高 35 厘米。门槛高 10 厘米、宽 14 厘米。门两侧有对称的角两端各凿一直径 9 厘米的牛鼻形孔。孔为长方形浅龛，高 47～48 厘米、宽 22～23 厘米，内滑，深 1～2 厘米，内有牵绳磨泐的痕迹（图各浅浮雕一力士像，侧身面向窟门）。窟内平面呈方形，宽 156 厘米、深 158 厘米。东、西、南三壁设低坛基，坛高 11～14 厘米、宽 27～51 厘米，坛上高浮雕三壁三铺式造像。坛下地面平整，自地面至窟顶高 160～162 厘米。

窟顶为穹隆形，浅浮雕一莲花宝盖。正中为一莲花，外绕四身飞天、一身莲花化生童子，化生在靠近窟门处，面向土佛，合十供养。飞天外有宝山、天花和云纹环绕，再外是大圆环，环外饰一周莲瓣，最外是三角形垂幛系珠悬垂于窟壁上方。

正壁即南壁，依壁雕造一佛二弟子二菩萨像。主尊结跏趺坐于方座上，通高 100 厘米，有舟形大身光和圆形头光，外着双领下垂式袈裟，内有僧祇支，下部衣纹分两层做八字形覆于座前上部。下部正中雕一博山炉，炉侧有双狮相向。弟子分立佛侧，高 50～52 厘米，有圆形头光，着双领下垂式袈裟，双手合十立于圆形莲台上。菩萨分立于壁角，高 66 厘米，足踩圆莲台，有桃形头光，左肩斜披络腋，下身着裙，裙摆外侈。一手上举置于胸前，一手提物。

东壁依壁雕造一佛二菩萨。主尊为立佛，通高 80 厘米，有舟形大身光和圆形头光。两菩萨高 54～56 厘米，均跣足立于双层覆莲座上。西壁依壁雕造一佛二菩萨，形制与左壁者大同。

15

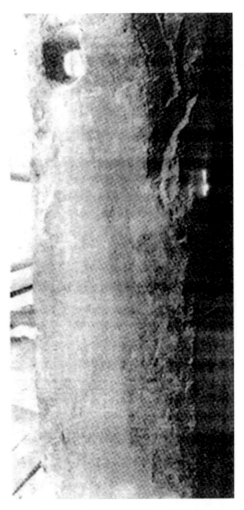

一号窟门东侧牛鼻形孔与北魏题记　　　　　　　一号窟外门外东侧像龛

（1）小千佛龛

在东西两壁南端转角处上方，浅浮雕千佛龛各两排。龛高 13 厘米，圆拱形龛，尖拱形龛楣，两龛楣涡角间有的刻有一枝花蕾。龛内各雕一坐佛。东壁龛下还有两排五身供养人像。

一号窟藻井雕刻

一号窟飞天细部（一）

一号窟飞天细部（二）

一号窟平面图

东壁立面图

正立面　　　　　　　西立面

一号窟立面图

一号窟顶部仰视图

一号窟正壁造像

一号窟东壁造像

一号窟西壁造像

（2）开窟造像题记

在窟门立颊、门内转角处东、西壁，刻有 5 段造像题记。一号窟窟门东立颊题记高 79 厘米，正书 13 行，录文如下：

……五日壬申邑主王进达杜显

……合二百人等造窟发愿文

邑主王进达、维那廿七人都合二百人等自云生逢季业，前不睹能仁匠世，退恐不遇慈氏启津。于是异人同心，敦崇法义，简就神山，将招名匠，造石窟一口。建功孝昌之始，郊就建义之初，容相超奇，四八尽具，菩萨森然而侍立，□□飞腾而满路，睹之不觉玄光西移，瞩之者曦影□慕。愿以此福泽□□□世庆沾现在，皇祚永延，民宁道业，蠢类舍生，斯同兹善。

一号窟门西立颊题记高 39 厘米，正书"比丘昙远、比丘惠生、檀越主韩走光、檀越主王荣贵、都邑主王进达、都邑主杜显宗"。

一号窟内北壁东侧存题记两则。其一高 65 厘米，正书比丘法香、比丘尼道普、比丘尼静龟、邑母曹满容、邑主赵洛容、维那朱女滕、邑母尹艺朱、邑母杨戚、邑母张要等 55 人姓名。其二高 43 厘米，正书邑子韩天哥等 32 人姓名。一号窟内北壁西侧存题记一则，正书都维那、维那、邑子等 108 人姓名，有韩、杨、王、赵、张、宋等姓。

一号窟门东颊题记　　　　　　　　　　二号窟西壁碑文

2. 二号窟

在一号窟西 40 厘米处，为小型敞口长方形窟，窟口北向。洞窟外壁立面无雕饰，底平面外缘处有两个牛鼻孔，西侧一个中梁已断，孔径 8 厘米、深 6 厘米。窟高 95 厘米、宽 97 ~ 100 厘米、深 53 ~ 58 厘米。正壁底部设坛，坛高 14 ~ 18 厘米、宽 15 厘米，浮雕造像皆在坛上。平顶，中心刻两朵莲花。

二号窟正立面图

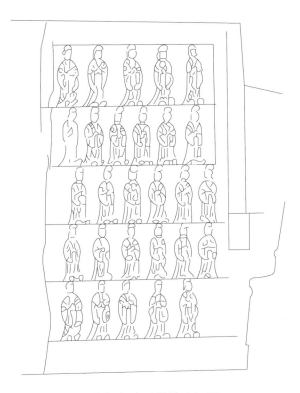

二号窟东壁（供养人）图

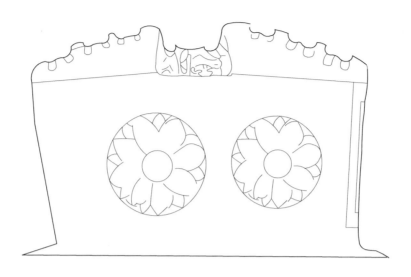

二号窟平剖面及顶部图

正壁开一盝顶形帷幔龛，龛梁上刻 16 个圆拱尖楣形小龛，内各雕一坐佛，左右角各刻四身供养比丘，面向主佛。龛下浮雕一佛二弟子四菩萨。佛结跏趺坐，通高 49 厘米，头和肘部均残。下部衣纹分三层垂覆坛前，下摆较平。

东壁在高 80 厘米、宽 35 厘米的壁面上，浅浮雕供养人像五行，每行五身，像高 15.5 厘米，衣饰相同，头戴笼冠，穿广袖长衣，双手合十面向主佛。

西壁雕一通建窟碑，碑首螭形，有圭形额，额面无字。碑通高 63 厘米、宽 34 厘米，正书 11 行，录文如下。

唯大魏普太（泰）元年岁次辛亥四月庚子朔廿九日□邑老韩法胜、邑老杨众兴、邑正王进达都合三十四人等造石窟像一区。愿文：大圣奄晖，则群情凋坠；耶（邪）徒竞启，则五浊鼎沸。自弘基诞生，人表熟（孰）能发觉者哉，是以邑老韩法□众兴、邑正王进达合卅人等，皆久树庆□，兰资□法义，各割己家珍，採招名匠，依灵以此福仰为皇祚永延，民宁道现在樊兴，子孙倡吉，法界有形咸圆俱登正觉。其颂曰：峻极堂堂，福人居在。

二号窟全景

二号窟西壁碑刻

二号窟东壁供养人造像石刻

3. 东区摩崖佛像

在摩崖浮雕一号佛塔以东15米的崖壁高处，新发现摩崖佛像龛一处，长方形像龛无雕饰，龛式不规整。龛高2.05米、宽0.83～1.1米，龛内高浮雕立佛一尊，像高1.97米，保存较为完整。高肉髻，外着褒衣博带式袈裟，内着僧祇支，右侧衣襟搭于左肘，下部衣纹疏朗。手施无畏印，跣足立于低平圆台上。

大佛像龛无纪年题记。观其造型衣饰与巩义石窟摩崖大佛相近，亦当属北魏晚期作品。

西沃石窟摩崖雕立佛

摩崖立佛正立面（实侧图）

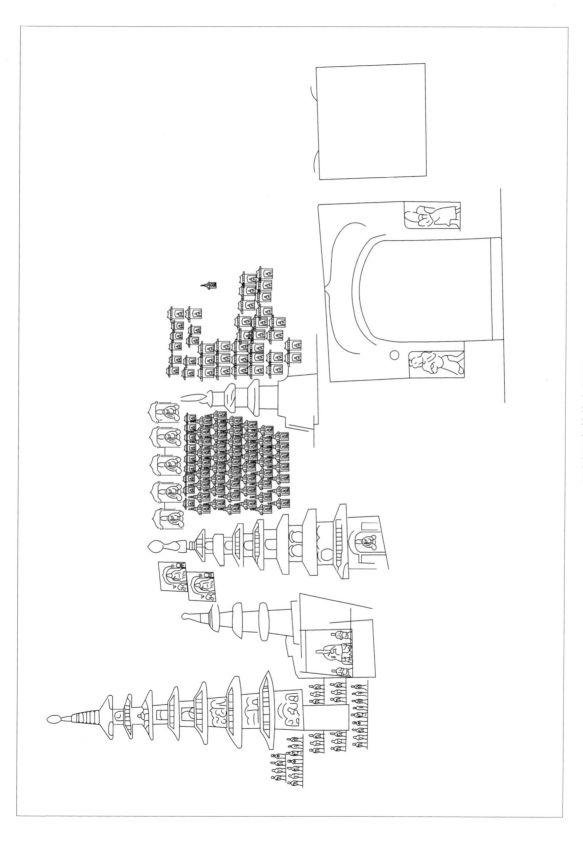

西沃石窟整体立面图

勘
察
篇

第一章　石窟赋存的环境地质条件

西沃石窟位于新安县城以北 40 千米的黄河右岸峭壁上，西距西沃镇 1000 米、东距黄河忌索桥（即钢索吊桥）仅 130 余米，新安至西沃、石井二镇的公路正好通过该处，交通堪称方便。地形上，黄河右岸为高耸的青要山余脉，左岸则为低平的谷地，相对高差 250 米。黄河在此段作直角大拐弯由向正南流急剧折向东流。本区属温带半湿润大陆性季风气候，夏季炎热多雨，冬季寒冷干燥，年均气温 15 摄氏度左右，年均降水量将近 600 毫米。现将石窟赋存的环境地质条件简述于下：

1. 地层岩性

石窟区黄河以南为基岩出露，而黄河以北覆盖大片第四系松散沉积物。

区内基岩为下古生界奥陶系中统马家沟组（O2m）的碳酸盐岩类，以深灰色厚层、中厚层状灰岩和白云质灰岩为主，岩性致密、坚硬、性脆；间夹薄层灰黄色泥灰岩、泥云岩及页岩岩层总厚度达 340 米以上。石窟即位于该组地层的深灰色厚层灰岩上。

第四系松散沉积物成因类型和岩性较复杂，其时代分别属于中、上更新统和全新统中更新统第一组冲积、洪积层（Q法）分布于最南部奥陶系地层之上，与之呈不整合接触关系，其分布位置较高，组成"黄土塬区"。岩性为黄红色黄土状亚黏土，夹多层砂卵石透镜体，且有多层钙质结核（或钙质泥岩）层。其厚度较大，主要受底面原始地形控制。

上更新统第一组冲积层（aQ3）仅分布于石窟区东北角，为黄河 III 级阶地堆积物。该地层下部为卵砾石层；上部为灰黄色黄土，即具大孔结构的粉土，较疏松。

上更新统第二组冲积层（alQ3）分布于黄河两岸 II 级阶地上，西沃镇和北长泉村即坐落其上，岩性为灰黄色黄土，具大孔结构，夹有薄层粉、细砂。其结构较之第一组地层更疏松，且与之呈侵蚀接触关系。

全新统冲积层（aQ4）大片分布于黄河两岸的I级阶地和河漫滩上。下部为砂砾石层，上部为粉细砂及粉土。与老地层呈侵蚀接触关系。

第四系坡积、崩积层（o-mQ及aQ）分布于黄河右岸山蔻部位，其具体形成时期难以确定。岩性主要为次生黄土与基岩块石的混杂物。

此外，在黄河右岸畔尚有人工堆积物，系当地土法炼硫黄的废矿渣倾倒所致。

2. 地质构造

西沃石窟区地质构造比较复杂，正处于石井河断裂带上。石井河断裂系一影响小浪底工程地壳稳定性的区域性断裂，延伸长度在43千米以上，其总体走向NW——SEE（290°～110°）。断裂在石窟区显示高角度正断层性质，由众多次级断层的产状[260°～280°（NW～NB）64°～68°]说明南盘（下盘）上升，北盘（上盘）下降，组合成阶梯状。

基岩呈单斜状产出，产状为140°～160°（NB）∠6°～15°；且在软弱夹层中发育挤压揉皱现象，岩层产状变化较大。据实测统计，主要有近乎直立的两组构造节理发育，它们是：① 285°～300°（NE/SN）∠70°～88° ② 30°～50°（SE/NW）∠82°～88°

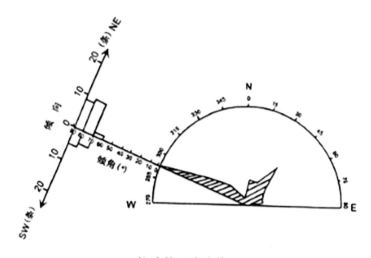

构造节理玫瑰花图

3. 地貌特征

受地质构造和岩性制约，石窟区具构造地貌格局。由于石井河断裂的展布，南部抬升隆起，出露较坚硬的碳酸盐类岩石，形成陡峻山地、平均地形坡度35度至40度；而北部则极为低平，大片松散盖物分布。明显地划分为侵蚀山区和堆积区，地貌反差强烈。此外，此段由北向南流动的黄河，迁断裂后呈直角急拐弯而折向东流。

黄河在本段发育有三级阶地和宽阔的河漫滩，不对称分布于两岸，组成典型的侵蚀堆积地貌形态。各级阶地的特征列于表1-1中。它们均是当地主要的农业区，但小浪底水车蓄水后将全部被淹没。

表 1-1　阶地特征表

阶地级别	性质	形成时代	阶地面高程（m）	前缘距黄河水面高度（m）
Ⅲ级	基座	Q_2早期	220 ~ 255	68
Ⅱ级	基座或堆积	Q_3晚期	175 ~ 210	23
Ⅰ级	堆积	Q_4	158 ~ 168	6

南部山地陡坡以上，在高程300 ~ 375米以上地形较平坦，是为中更新世早期的石夷平面台塬。说明该地质时期曾有过一次准平原化地壳运动。

4. 水文地质条件

石窟区地下水有两种类型，即基岩岩溶裂隙水和松散沉积物孔隙水。

基岩岩溶裂隙水埋藏于O2m碳酸盐岩类裂隙中。由于该岩类坚硬性脆，在构造应力作用下，发育多组节理；又由于岩溶作用，致使节理裂隙相互贯通，有利于地下水循环，形成含水岩组。碳酸盐岩中有多层含泥质成分较高的泥灰岩、泥云岩和页岩，组成相对隔水层，故在沟谷中每每见到悬挂泉。受补给条件和地形等制约，基岩裂隙水水量不丰，一般泉水涌水量较小，动态变化大。此外，地下水水质较差，总矿化度2g/l以上，全硬度72德国度，属SO_4-Ca-Mg型水。

松散沉积物孔隙水主要埋藏于黄河两岸级阶地及河漫滩的砂卵石中，属潜水类型、水量丰富。西沃镇的下降泉群，总涌水量 0.5m³/s 以上，水质较好。但由于出露位置低，小浪底工程施工截流后即被淹没。

石窟地下水依靠大气降水补给、黄河是其排泄基准面，地下水具明显的季节性变化特点。

本段黄河水质较好。

5. 不良地质现象

石窟区主要不良地质现象为崩塌、滑坡和岩溶。

崩塌现象产生于 O2m 基岩中。由于岩体坚硬、发育有 2～3 组陡倾节理以及地形陡峻等因素制约，崩塌时有发生。崩塌位规模较小，一般为块度大小不等的坠石、对公路交通和行人安全不利。此外，在重力和残余构造应力作用下，沿陡坡前缘的岩体卸荷回弹而产生拉裂缝，往往形成危岩体。

滑坡产生于黄土中，石窟以东 350～850 米处有两处滑坡，其中一处规模较大，长 300 米，宽 70 米，其底部滑面为坡度较大的基岩面，兼具崩塌性质，另一处正在发展中，规模较小。这二处滑坡均位于公路一侧，影响交通运输。

石窟区岩溶一般形态为沿裂隙的溶蚀作用以及沿岩层面的溶孔和小溶洞，主要发育于灰岩和白云质灰岩体中。距石窟上游 45 米处有一规模较大的溶洞，正好位于黄河水位线附近，洞顶高出平水位 4 米，宽达 15 米，呈拱形，深度不明。该溶洞的形成与岩溶裂隙水排泄有关，渗水溶蚀作用是石窟的主要病害之一。

6. 矿产

石窟区附近矿产资源丰富，主要有硫铁矿、煤、铝矾土、石灰石。这些矿产目前正在开采。硫铁矿、煤和铝矾土均产自石炭系地层中，储量较丰富。尤其是硫铁矿，已有百余年开采历史，是我国优质硫黄的产地之一。在石窟区内目前有上百座土法炼硫炉，都位于黄河岸畔，严重污染大气和水质，石灰石是烧制石灰和筑路的原料，产自奥陶系的厚层灰岩，在石窟区内也已有数十年开采历史了。

第二章 石窟岩体工程性质

1. 岩性特征

西沃石窟所赋存的O2m碳酸盐类岩体，其岩性按我国的分类方案，可划分为灰岩、白岩、灰质白云岩和泥云岩三种。现将它们的特征简述一下。

灰岩位于最下部，是石窟现存所有雕刻品具体赋存的岩体。灰岩呈深灰色，厚层状，组成峭壁兀立于黄河岸畔。岩层的微层理和缝合线较发育，性脆，坚硬，抗风化能力强。由于方解石含量占绝大多数，故溶蚀强度相对要大些，有小溶洞和溶孔发育。灰岩中夹有含泥质的中厚层灰岩，形成岩龛位于雕刻品下部。

白云岩和灰质白云岩位于雕刻品上部。岩石呈灰—深灰色、中厚层状，组成较陡的斜坡。岩层微层理发育，性脆，较坚硬，抗风化和抗溶蚀能力较强。石窟搬迁时，该岩层将全部清除。

泥云岩位于最上部，公路地面及其两侧边坡即由它组成。岩石呈灰黄色，层状，夹有较多的钙质页岩。岩性软弱，受构造应力作用丽挤压揉皱现象发育。风化较强烈，较破碎，呈现页片状碎块。该岩层在石窟搬迁时将部分被清除。

下面将主要就灰岩的物质成分、结构和物理力学性质行论述。

2. 物质成分

经采集岩石试样进行室内化学成分分析，上述不同的岩石其成分迥异，其中雕刻品所在的厚层灰岩化学分析成果列于表2-1中。可知其化学成分以CaO为主、平均含量52.94% 其次是烧失量（CO_2），平均含量43，95%：二者相加达97%。而Mg、Ai、Fe等的氧化物含量均很小。而且不同样品中同一氧物的含量及各氧物的相对比例关系都十分接近。

表 2-1　雕刻品化学分析成果

计量单位：W(B)/%

取栏点	SiO_2	Al_2O_2	Fc_2O_2	MgO	CaO	Na_2O	K_2O	H_2O^+	H_2O^-	TiO_2	P_2O_2	MnO	烧失量
一号洞窟	0.16	0.24	0.13	1.79	52.50	0.01	0.17	0.94	0.86	0.010	0.006	0.003	44.24
二号洞窟	1.15	0.39	0.22	2.15	51.68	0.01	0.22	1.17	0.64	0.016	0.015	0.003	43.86
佛塔	0.64	0.19	0.09	0.50	54.30	0.01	0.13	0.74	0.52	0.009	0.006	0.002	43.90
单佛	1.26	0.35	0.10	0.63	53.29	0.01	0.26	1.15	0.84	0.012	0.006	0.002	43.80

　　X-射线衍射分析成果，同样也表明了矿物成分以方解石占绝大多数（95～100%）。

　　化学成分分析和X—射线衍射分析成果都令人信服地表明、西沃石窟所有雕刻品赋存的体系较纯的石灰岩。

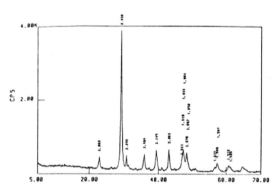

一号窟岩样 X- 射线衍射分析曲线
（方解石 95%，白云石 5%）

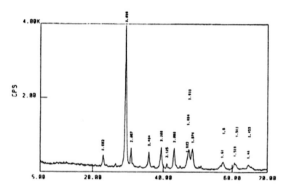

二号窟岩样 X- 射线衍射分析曲线
（方解石 95%，白云石 5～8%）

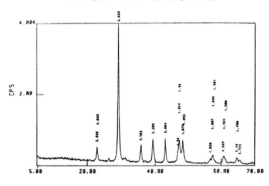

二号佛塔岩样 X- 射线衍射分析曲线
（方解石 100%）

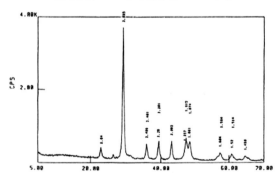

摩崖大佛岩样 X- 射线行射分析由线
（方解石 100%）

3. 结构分析

肉眼宏观观察灰岩，结构较密、隐晶质、具少量微裂隙。借助于扫描电镜观察、可见矿物成分几乎全部是方解石、局部有黏土矿物。方解石晶粒细小，其粒径一般 3 ~ 6μm，晶面十分清晰、且有三组解理面发育、晶粒相互叠置铰台，结构紧密、粒间孔隙小而少，孔隙中无充填物。局部可见溶蚀痕迹、致使原始孔隙增大。

晶粒间的原始孔隙，地下水能沿之渗透，并在一定条件下决定了后期岩溶发育的性质和程度，显然，已有溶蚀痕迹原始孔隙应是后期被溶蚀圹大成溶孔，甚至溶洞的基础。由于灰岩的粒间孔隙直径一般仅 0.5 ~ 2μm，不利于原始孔隙扩大溶蚀作用的进行，因此抑制了岩溶的发育。

4. 物理力学性质

受条件限制，进行室内岩石物理力学性质试验的 1 件试样，采自于石窟上部斜坡的另一厚层深灰色灰岩层。在石窟雕刻品部位，则采用回弹锤击试验及不规则小试件，简易测定其物理力学性质。

室内规则试样的测试成果列于表 2-2 中。按一般规范规定：该灰岩属坚硬岩石，强度高，抗变形能力强度。其 σ_c/σ_t=13.41。

表 2-2　室内岩石试验成果

岩石名称	密度 ρ (g/cm³)		吸水率 W(%)	天然含水状态单轴抗压强度 σ_c(MPa)		天然含水状态抗拉强度 σ_t(MPa)		天然含水状态弹性模量 δ (×10²NPa)	
	天然	浸湿		单值	均值	单值	均值	单值	均值
深灰色厚层石灰岩	2.73	2.74	0.23	73.86 71.05 66.58	70.50	4.85 5.80	5.33	10.99 25.89 14.50	17.15

对上述灰岩的不规则小试件作点荷载强度试验，得点荷载强度平均值 Is=8.59MPa。此数值按经验公式换算为单轴抗压强度和抗拉强度的话，都较直接试验值要大得多。这可能是规则试样中微裂隙较多的缘放。

现将现场回弹锤击试验成果列于表2-3、表2-4及表2-5中（采用天津建筑仪器厂生产的HT225型回弹仪）

由试验结果可知，处于同一灰岩摩崖壁上的各雕刻品，其力学强度具有如下特征：

表2-3　佛塔回弹锤击试验结果

测试部位	测试方向	统计数据 n	回弹指数			岩石密度 ρ (g/cm³)	强度 σ c(MPa)
			算术平均值 $\overline{N}$	均方差	变异系数 (%)		
一号塔塔檐	水平	10	31.1	1.91	6.13	2.57	43
一号塔塔身	水平	7	50.6	1.40	2.77	2.62	135
二号塔塔檐	水平	6	31.7	1.77	5.58	2.57	45
二号、三号塔塔身	水平	12	47.4	0.52	1.10	2.61	105
二号、三号塔塔基	水平	16	49.1	1.27	2.60	2.61	105

表2-4　洞窟回弹锤试验结果

测试部位	测试方向	统计数据 n	回弹指数			岩石密度 ρ (g/cm³)	换算单轴抗压强度 σ c(MPa)
			算信平均值 $\overline{N}$	均方差	变异系数 (%)		
一号窟地坪	竖直	18	52.2	0.88	1.69	2.59	160
一号窟正佛底座	水平	18	53.2	0.74	1.39	2.59	140
一号窟正佛身部	水平	18	53.2	0.83	1.56	2.59	140
一号、二号窟前侧壁	水平	7	52.6	0.29	0.56	2.62	135
二号窟正佛底座及后壁	水平	18	53.6	0.93	1.74	2.62	152

表2-5　摩崖大佛回弹锤击试验结果

测试部位	测试方向	统计数据 n	回弹指数			岩石密度 ρ (g/cm³)	换算单轴抗压强度 σ c(MPa)
			算信平均值 $\overline{N}$	均方差	变异系数 (%)		
佛像身部	水平	14	44.7	2.88	6.44	2.63	95
围岩	水平	14	47.9	0.84	1.75	2.63	112

1.除佛塔塔檐部位外，各雕刻品的石质材料均具有较高的力学强度，其单轴抗压强度一般都超过 100Mpa、最大可达 160MPa。

2.洞窟的力学强度普遍较佛塔和摩崖大佛要高：最大差值有 40 个百分点．这与洞窟所处的小环境有密切关系。

3.由上述 1、2 两点可进而推断：影响石质材料力学强度的主要因素是风比作用。佛塔的塔檐部位凸出于岩壁，受多方向侧向风化作用的影响，力学强度大为下降，较塔身强度要低 63.8%。洞窟内因温差较小些，风化作用影响相对较轻，所以力学强度较高。

4.试验所采集的各组统计数据，虽数量不同，但它们的离散较小，规律清楚，可以用末表征石质文物材料不同状态下的力学强度。

需要指出的是，于测试层位不同，现场点荷载试验所获取的单轴抗压强度值大多数都较室内规则试样的测试值高。但二者结果均表明了西沃石窟所赋存的石灰岩岩质好、强度大而抗变形能力强。

第三章 石窟岩体结构概率模型模拟研究

石窟所在的 O2m 碳酸盐类岩体，岩层产状受石井河断裂控制而不甚稳定，总体倾向 NEE 组成缓倾向坡外的顺向坡。发育了规模不同、方向各异的岩土工程层次上的构造结构面，形成了特定岩体结构。由于岩土工程层次上之岩体结构特征对搬迁工程方案的制定及石窟搬迁过程及其以后的保护关系重大，因而必须弄清岩体内部结构特征，尤其是潜在结构特征。

1. 石窟岩体结构特征及模拟方案

岩体结构包括结构面和结构体二要素，并可把岩体视为由结构面交切而成的各种结构体组合而成的地质体。其中结构体空间规模和形态与结构面空间规模及其组合形式密切相关，因而结构体通常有序次之分。由结构面空间的几何分布特征决定不同形态、不同规模结构体的不同组合，从而形成不同类型岩体结构。因此必须明确岩体中结构面发育特征。

与石窟岩体结构特征相关的区域性结构面是石井河断裂。受其控制，石窟岩体中发育了众多长度在数米至数十米的小型结构面。这类小型结构面直接影响石窟安全。因此，构成了岩体结构概率模型模拟的主要对象。

为了满足搬迁工程设计需要，在结构模拟方案选择中，分别考虑平面、剖面两种情况，其中剖面方向又分两种情况考虑，即分别对石窟岩体边坡纵剖面方向（165°）、沿石窟洞脸方向的横剖面方向（75°）进行网络模拟，最终为石窟岩体完整性、网络连通性和稳定性分析提供资料。

2. 结构面参数概率模型

岩体结构是由结构面空间几何分布特征所决定，而结构面在三维空间的分布由如下要素决定：产状、密度、隙宽、形态。

结构面形态是计算机模拟的基础。模拟中假定石窟岩体中结构面是以厚度可以忽略不计的圆盘。

结构面的产状和组数是构造应力场作用下的产物。对于一定地质环境中形成的岩体而言，其组数和产状变化是有一定规律的。首先，结构面分组、然后按所划分的结构面组归属各个结构面、再分别统计各组几何参数概率分布特征。

结构面分组是通过野外实测石窟岩体中 99 条节理裂隙产状的极点投影及圆上直方图，找出各组结构面的优势产状及单个结构面分组归属。然后按组统计其产状的概率分布及特征数字（表 3-1），其中走向 NNW 的一组为层面。

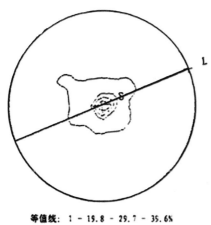

等值线：1 - 15.8 - 29.7 - 35.6%

岩体结构面等面积下半球吴氏网投影

岩体结构面圆上直方图

表 3-1　结构面分组及其实测概率统计模型

走向分组		NW(1)	EW(2)	NE(3)	NNW(4)
倾向 (°)	均值	29.5	180	313	80
	方差	13.33	52.67	19.20	20
	分布	正态	正态	正态	正态
倾角 (°)	均值	80.2	79.3	83.0	7
	方差	6.49	52.20	26.54	1.0
	分布	正态	正态	正态	正态
迹长 (m)	均值	5.56	5.22	5.29	15.00
	方差	31.75	29.72	34.98	2.0
	分布	负指数	负指数	负指数	负指数
平均间距 (m)		1.137	2.028	0.914	2.500

3. 岩体结构网络模拟及评价

3.1 网络模拟

模拟程序采用 Dpplt.for，其中方向角输入值如表 3-2 所示，程序要求输入方案数 ncase，比例尺 sl（<1），节理组数 nset、方向角分布形式 j1、迹长分布形式 i1、平均间距 pac（m）、方向角均值 amo（°）及其方差 sao（°），迹长均值 rm1（m）及方差 rdl（m），隙宽均值 apm（cm）及其方差 sda（cm）。除前三个参数外，后九个参数要根据节理数 nset 循环输入相应值。每一方案模拟面积为 $25 \times 35 \mathrm{m}^2$。

表 3-2　岩体结构网络模拟输入方向角（°）

	NW(1)	EW(2)	NE(3)	NNW(4)
平面	150.5	0	47	100
165° 剖面方向	104	79	98	179
255° 剖面方向	76	125	70	6

3.2 模拟结果分析

3.2.1 岩体结构面密度的空间变化

岩体结构面密度对岩体强度和变形及渗透性能有很大影响。研究表明，结构面密度最大的方向通常变形性最大，平行最小密度方向变形性最小，岩体强度、变形和渗透性的各向异性受结构面密度各向异性控制。

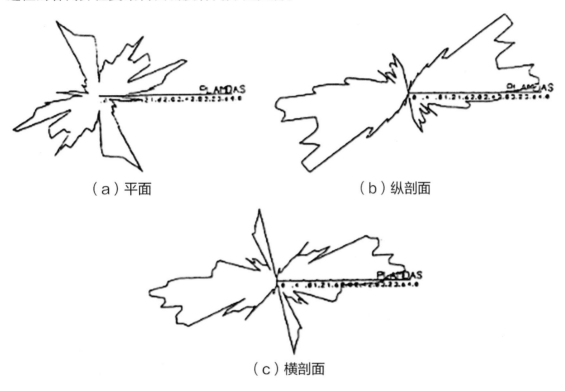

（a）平面　　　　　　　　　（b）纵剖面

（c）横剖面

结构面线密度（λ）随方位变化图

结构面线密度（λ）随方位变化图是模拟得出的石窟岩体结构面密度随方位变化曲线。可知：

（1）平面上，最大结构面密度的方位是80%，密度值为2.790条/m；最小结构面密度方位为106°，度值是0.301条/m，各向异性系数10.8%，各向异性不甚明显。

（2）纵剖面上，最大结构面密度的方位是84°，密度值为3.940条/m；最小结构面度方位为350°，密度值是0条/m，各向异性系数0.0%；

（3）横剖面上，最大结构面密度的方位是 86°，密度值 3.834 条 /m；最小结构面密度方位为 2°，密度值是 0 条 /m，各向异性系数 0.0%。

（4）平面中，最大结构面密度方位与石窟洞脸走向夹角仅 5°；纵剖面上，最大结构面密度方向与洞脸倾向一致、倾角仅 6°；横剖面上，最大结构面密度方向与石窟岩层倾向或与洞脸走向近似一致，倾角亦约 6°。

3.2.2 结构面连通率

结构面连通率又称结构面连续性系数，是指单位面积内结构面面积所占的百分比，或单位长度上结构面迹线所占百分比，它是决定结构面抗剪强度的重要指标之一。其在现场实测较为困难，而依据模拟得出的结构面网络图形，即可方便地得出岩体中各组结构面连续性系数值。

表 3-3 为根据模拟得出的石窟岩体结构面网络图由计算机程序系统计算得出的各组结构面连续性系数。由表可知各组结构面中，倾向北东东的层面结构面连通率最大，而倾向北西的节理结构面连续性系数最小。

表 3-3　西沃石窟岩体结构面连通率（％）

节理组	NW(1)	EW(2)	NE(3)	NNW(4)
平面上	0.287	0.230	0.272	2.407
纵剖面	0.412	0.470	0.261	1.984
横剖面	0.273	0.350	0.257	1.973

3.2.3 岩体 RQD 块度

RQD 是评价岩体完整性和块度的指标，由迪尔提出的 RQD 指标定义为大于 0.1m 岩芯段长度之和占所取总岩芯长度的比值，用百分数表示。本模拟研究中，为了得出各种块度结构体的百分数，所以在统计中把 RQD 的界限值（T）取为不同值（T=0.1m，0.3m，0.5m，0.7m）。

平面模拟方案、纵剖面模拟方案和横剖面模拟方案是由模拟网络图求算的 RQD 块度百介数随方位的变化由线，研究表：

表 3-4　西沃石窟岩仫结构块度 RQD（%）

方案	块度 T(m)	RQD_{min}		RQD_{max}	
		数值	方位	数值	方位
平面	0.1	96.73	NEE80°	99.96	SEE106°
	0.3	79.39		99.61	
	0.5	59.12		98.97	
	0.7	41.62		98.06	
纵剖面	0.1	88.36	NEE84°	100	NWW350°
	0.3	47.79		100	
	0.5	21.20		100	
	0.7	8.59		100	
横剖面	0.1	83.36	NEE86°	100	NNE2°
	0.3	35.68		100	
	0.5	12.07		100	
	0.7	3.68		100	

（1）平面上，块度为 0.1m 结构体百分含量普遍 >95%，属于质量很好的岩体。但块度 >0.7m 的结构体最小者为 41.62%，一般均在 60 ~ 70% 范围，说明潜在的大块度结构体含量不很高，据工程岩体结构分类标准，可划为块状结构岩体或厚层结构岩体。

（2）纵剖面上，块度 >0.1m 结构体百分含量普遍 >90%，属质量很好岩体。但块度 >0.7m 的结构体最小者为 41.52%，大部分变化于 55 ~ 70%；块度 >0.3m 的结构体含量普遍 >65%，大部分变化于 80 ~ 90%；块度 >0.7m 的结构体含量 >50%，大部分变化于 70 ~ 85%。除各向异性大于平面结构网络外，与平面块度特征相近。

（3）横剖面上，块度特征与前二者相似，区别仅在于各级块度结构体含量略低。

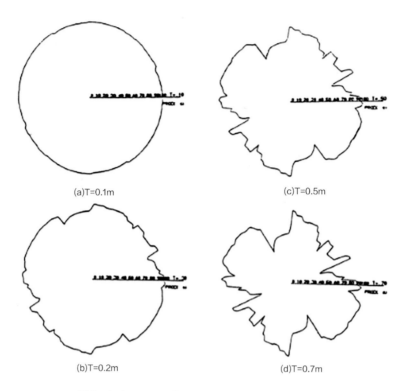

(a)T=0.1m   (c)T=0.5m

(b)T=0.2m   (d)T=0.7m

平面模拟方案：石窟岩体中 RQD 块度随方向变化图

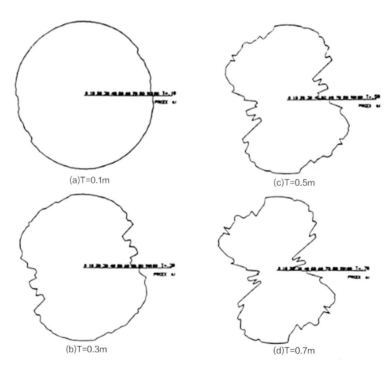

(a)T=0.1m   (c)T=0.5m

(b)T=0.3m   (d)T=0.7m

纵剖面模拟方案：石窟岩体中 RQD 块度随方向变化图

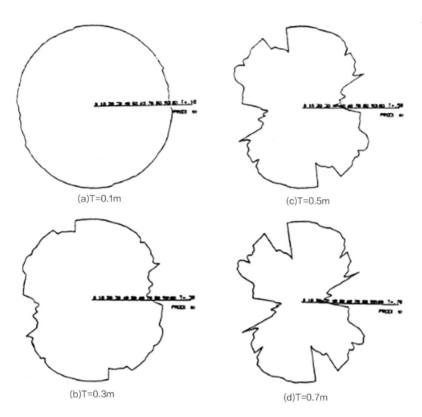

(a)T=0.1m

(c)T=0.5m

(b)T=0.3m

(d)T=0.7m

横剖面模拟方案：石窟岩体中RQD块度随方向变化图

上述分析表明，石窟所在岩体无论平面或是剖面上均为质量好至极好岩体、或为厚层结构岩体。

3.2.4 岩体传导性

岩体结构传导性对石窟岩体切割、灌浆加固保护有重要控制作用。岩及模拟资料，石窟岩体结构面可分为非开启性、开启性和半开启性三类。非开启性结构面主要是指那些与周围的开启性结构面或地表水体不相连通的结构面，亦称为盲裂隙，石窟中表现为干燥状态。开启性结构面主要是指那些与地表水体或岩体表层风化裂隙含水相通的结构面，亦称为导水裂隙。石窟中表现为有渗水现象及白色沉淀物。半开启结构面主要指那些与地表相连通的，但不与地表水或地下水体相连道的结构面，石窟中表现为潮湿现象，雨季有少量地下水流出。

据实测及模拟结果可知：

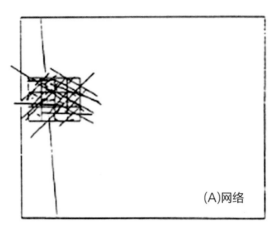
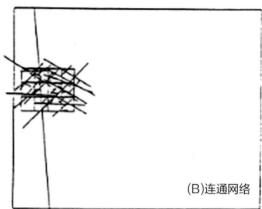

平面模拟方案：石窟岩体结构面网络图（25×35m²）

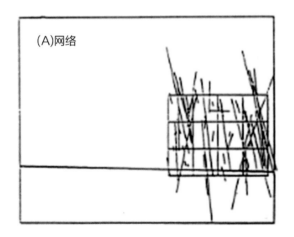
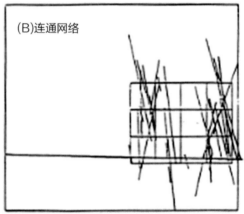

纵剖重模拟方案：石窟岩体结构网络图（25×35m²）

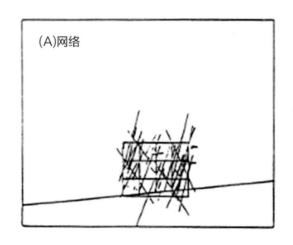
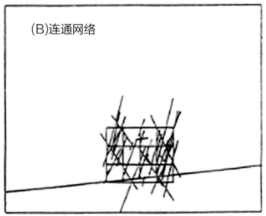

横剖面模拟方案：石窟岩体结构面网络图（25×35m²）

（1）平面上，盲裂隙占 15%，半开启结构面占 3%，开启性结构面占 72%；纵剖面上，盲裂隙占 30%，半开启结构面占 5%，开启性结构面占 69%；横剖面上，盲裂隙占 28%，半开启结构面占 3%，开启性结构面占 69%。故岩体中 60% 以上裂隙是连通的。

（2）岩体连通网络图中，反映了平面上 NW（1）、NE（3）向两组节理为优势导水方向；剖面上以近垂直向节理及其与层面相组合为优势导水方向，这与实测结果是一致的。

第四章 石窟环境地质病害分析

1. 病害类型及破坏现状

在环境地质条件作用下，西沃石窟的病害主要有：裂隙渗水和溶蚀病害、立壁卸荷裂隙病害和风化病害。此外，还有人为损坏。

1.1 裂隙渗水和溶蚀病害

是石窟最主要的一类环境地质病害。西区的一号、一号洞窟和摩崖雕刻都存在着不同程度的裂隙渗水和溶蚀病害。

岩体裂隙渗水以一号窟较为突出，每年雨季（7～9月份）时，在窟顶、正壁和侧壁处，沿五条贯通性较好的张开裂隙（编号 Lz1～Lz5）渗水或滴水。窟顶还有一层面裂隙（Lc4）沿之滴水。致使窟底方形槽中经常积水。渗水导致窟顶和正壁左侧形成面积较大的湿润区。摩崖雕刻的裂隙渗水主要位于其顶部一宽大的层面裂隙 Lc1，雨季时地下水由层渗出，并沿崖面雕刻品漫流。此外，一号和二号洞窟口还有四处沿卸荷裂隙、层面裂隙和小溶洞的渗水处。

渗水来自碳酸盐岩体垂直渗流带中的上层滞水，主要由大气降水补给。石窟处于黄河侧方侵蚀强烈的陡坡卸荷带坡脚部位，由于岩层面和构造节理松弛张开，尤其是顺坡向（走向 NEE）那组陡倾节理导水性较好，它与延伸贯通性极好的层面裂隙构成渗流网络通道，有利于地下水径流和排泄。因此，在洞窟和摩崖立壁多处渗水

渗水病害主要表现在以下三个方面。

（1）地下水在碳酸盐岩体裂隙中渗流，溶蚀隙壁，导致隙宽增大，甚至生成溶孔和小溶洞，不利于立壁岩体稳定和破坏雕刻品的完整性。

（2）渗水在壁面上漫流时，因温度、压力变化等原因，水中的碳酸盐成分沉淀而形成次生"钙华"，覆盖于雕刻品之上，会降低文物价值。两座石窟口部此种病害较突出，"钙华"覆盖了部分题记和雕像。

（3）碳酸盐次生沉淀物弥散性分布于立壁上，使之色泽变异而影响观瞻。摩崖雕刻的右上部位即是。

1.2 立壁卸荷裂隙病害

卸荷裂隙病害最突出的表现，是二号洞窟顶部以上的立壁。有一条贯通性甚好的卸荷裂隙大致与壁面平行，将立壁岩体切割成一板状分离体。裂隙下部正好是二洞窟的口部。该卸荷裂隙是在一走向为60度的陡倾节理基础上发育的，近地表部位隙宽可达20毫米。摩崖雕刻均位于该卸荷隙切割的板状岩壁上，裂隙中泥质充填，长有杂草；雨季时顺裂隙大量渗水，漫流于石窟洞口，生成许多沉淀物。

此外，在二号洞窟上游八米处，由于底部一软弱夹层（含泥质的灰岩）形成凹龛，岩体底部临空，致使该立壁岩体后缘沿一陡倾节理（走向亦为60度）卸荷拉开，隙宽最大100毫米形成了一高4米和宽3米的危岩体，高出黄河水面10米左右。

石窟区卸荷裂隙的形成机制是：在潜在正断型构造应力场中，当应力值 σ_1 和 σ_3 达到一定值，以至超过了岩体强度时，即产生高角度正断层及与之匹配的构造节理，断层两盘岩体差异升降。后来黄河的侵蚀切割而形成了高陡斜坡，岩体重力与残余构造应力叠加，在平行临空面的压应力集中带中所积存的弹性应变能释放，向临空方向回弹，使原有的结构面松弛或产生新的表生结构面，形成与临空面近乎平行的压致拉裂面，即为斜坡上的卸荷裂隙。一般地说，斜坡岩体中积聚的弹性应变能愈大，坡体愈高陡，则卸荷效应愈明，卸荷裂隙发育对立壁岩体稳定性是不利的，其发展的结果会导致立壁倾倒破坏。

1.3 风化病害

这类病害也是西沃石窟重要的环境地质病害。可分为两种风化形式：

1. 裂隙状风化：为典型的物理风化形式。以西区的摩崖雕刻品较突出四座佛塔的每层塔檐是最凸出于岩壁的，多面临空导致风化营力从不同方向侵入壁面内，主要由于温差的周期作用，在壁面上产生许多较短小、密集、方向随机的宏观和微观裂隙，并使局部岩块剥落。

2. 絮粉状风化：属化学风化形式。主要出现于洞窟口，有大量絮粉物与渗水溶蚀产生的沉淀物混杂在一起、粘于岩壁上。经采样分析，其成分与原岩有很大差别（表4-1）SO_3 和 SiO_2 异常的高。原岩中无 SO_3 成分，但是在絮粉物中却高达 18.38%，其含量仅次于 CaO 和烧失量而居第三位。SiO_2 在原岩中仅 1% 左右，但在粉物中达15.49%。而絮粉物中的 CaO 和烧失量（主要是 CO_2 的成分），则较原岩中分别减少了20 和 17 个百分点。SO_3 和 SiO_2 来源于大气、地下水和粉尘，显然与石窟所处的人文环境等关系密切。

表 4-1　原岩与絮粉物化学成分对比表（计量单位：W%）

岩样	SiO_2	Al_2O_2	Fl_2O_2	MgO	CaO	Na_2O	K_2O	H_2O^+	H_2O^-	TiO_2	P_2O_3	MnO	SO_2	烧失
一号窟原岩	0.61	0.24	0.13	1.79	52.50	0.01	0.17	0.94	0.86	0.01	0.006	0.003		44.24
二号窟原岩	1.15	0.39	0.22	2.15	51.68	0.01	0.22	1.17	0.64	0.016	0.0015	0.003		43.86
絮粉物	15.49	3.43	1.28	1.13	31.63	0.41	0.69	3.29	8.32	0.19	0.068	0.017	18.38	27.1

风化病害导致石质文物材料强度的降低。例如，经回弹锤击试验实测，塔檐部位较岩壁（即塔基）强度降低了 63%（以塔基强度为 100% 计）。此外，絮粉物中 SO_3 与CaO 结合形成的石膏晶体，据 X—衍射分析占总矿物成分的 50～60%。该硫酸盐矿物在结晶过程中发生体胀，可导致裂隙扩展而影响立壁岩体强度。

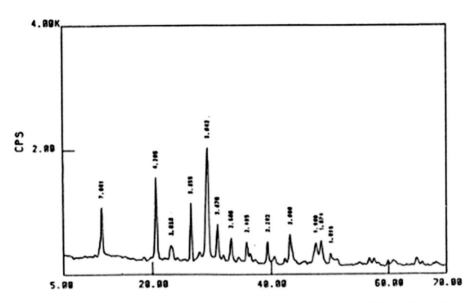

絮粉物 X—衍射分析曲线（石膏 50～60%，方解石 30～40%，石英 10%）

1.4 人为残损

石窟内外各较大的佛像头部和手部大多数已残损，系人为破坏所致。据考证，可能与古代教派之争及某些时期的灭佛运动有关。

2. 病害因素分析

2.1 岩性和岩体结构

2.1.1 岩性

石窟所赋存的碳酸盐岩系海相沉积的纯化学岩，属于难溶的可溶盐岩类，在纯水中溶解度是很低的。如方解石在一个大气压条件下，温度在 8.7℃时为 10mg/l，16℃时为 13.1mg/l，25℃时为 14.3mg/l。但是，当地下水中存在游离 CO_2（溶解于水中的 CO_2 气体）时，对碳酸盐岩的溶蚀作用就大大加强。地下水中游

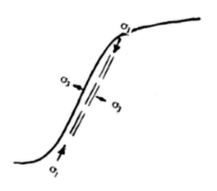

卸荷裂隙形成机制

离状态的 CO_2 能不断获得补给，即可不断地溶蚀岩体。石窟所赋存的石灰岩，其中方解石（化学分子式为 $CaCO_3$）是最主要的矿物成分，在碳酸盐岩系列中它是溶蚀作用最强的岩石，其溶蚀作用的化学反应式为：

$$CaCO_3 + H_2O + CO_2 \rightleftharpoons Ca^{2+} + 2HCO_3^-$$

自然界一般均为开放系统，即水中的游离 CO_2 可由外界不断得到补给。因此总的来说，溶蚀作用是不可逆的过程。

岩石结构对溶蚀作用也有一定的控制作用。本石窟赋存的石灰岩晶粒直径 3 ~ 5 μm 相互嵌合，称之为泥晶结构或隐晶微粒结构。据研究，其溶蚀强度一般较其他结构的同类碳酸盐岩大。

2.2.2 岩体结构

岩体中的软弱结构面，包括层面和构造节理、卸荷裂隙等，组成结构面网络。它为地下水渗流渗蚀提供通道，也有利于大气、雨水等风化营力侵入岩体内部。石窟所赋存的碳酸盐岩岩体，由其建造的成因和硬脆质介质材料的特性所制约，不同性质和产状的结构面较为发育，有利于病害的产生和发展。

岩性和岩体结构是石质文物产生病害的物质基础、是内因。

2.2 气候和环境水

2.2.1 气候

本区属温带大陆性半湿润季风气候，年降水量不足 600 毫米，且多集中于夏、秋两季，时有暴雨，年蒸发量数倍于降水量、年温差和日温差都较大，这种气候条件对石窟病害的作用是：（1）裂隙渗水和溶蚀病害主要发生在夏、秋两季；（2）地下水中游离 CO_2 来源相对较少（与南方亚热带湿润气候区比较），渗水溶蚀病害相对较轻；（3）以裂隙状风化为特征的物理风化是风化病害的主要类型，且主要发生于摩崖壁面。

2.2.2 环境水

作为环境水的地下水和河水是石窟病害的又一重要环境因素，石窟区内 O_{2m} 岩溶裂隙水属 SO_4-Ca-Mg 型，矿化度 2.03g/l，pH 值为 6.90，具弱碳酸盐侵蚀性。可见该地下水由于同离子效应的影响，在一定程度上抑制了碳酸盐岩的溶蚀作用。这也是西沃石窟渗水溶蚀病害较轻的原因之一。黄河水属 HCO_3-SO_4-Ca-Mg 型，矿化度 0.51g/l， pH 值为 7.20，无侵蚀性。因此它对溶蚀病害无甚影响，然而河水长期冲刷崖壁的系积效应，对石窟稳定性有一定影响。

2.3 人文因素

石窟区附近正在大量开采硫铁矿和煤矿。当地农民的土法炼硫炉遍布于石窟区内黄河右岸畔的石山头下，最近的炼硫炉距石窟仅 150 米。燃煤炼硫排放出大量 SO_3、CO_2、CO 气体和 CaO、SiO_2 粉尘，烟雾弥漫，造成大气和地下水污染。污染物对石窟的影响，一是上述有害气体、粉尘与大气中的水分结合，形成酸性微粒物长期黏附于石质文物表面，或形成酸雨、酸雾，降落于文物之上，以化学风化形式腐蚀文物；二是一些硫酸盐次生矿物结晶析出时的体胀，导致裂隙扩展而影响石质文物的强度及完整性。

此外，石窟区内每日数次开山炸石，最近的爆心距石窟 350 余米。爆破振动的累积效应对文物的影响，也不容忽视。

以上分析了西沃石窟环境地质病害的类型、破坏现状及影响因素，可知裂隙渗水和溶蚀病害是最主要的一类病害。由于各影响因素的制约，各类病害并不严重。而人为残损对石窟的破坏是最严重的。

第五章　石窟搬迁施工方案的建议

小浪底水利工程将于 1997 年 11 月截流，按设计规定，截流后库区内一期水位即上升至 180 米，所以西沃石窟的搬迁保护行将实施。根据我国文物考古界领导和专家学者们的意见，石窟应整座搬迁。这在我国尚属首例，在世界上也不多见。为了使石窟的搬迁保护工作顺利进行，确保安全，应制定一套切实可行的施工方案。鉴于对石窟环境地质条件和病害的分析论证，提出如下施工方案建议。

1. 搬迁保护原则

根据石窟规模和赋存现状，搬迁保护的总方针是："全部搬迁、分区切割、局部补强、科学施工。"由此提出搬迁保护的原则为：

（1）石窟在搬迁过程中，应采取各种措施防止失误；为防万一失误，施工前应将洞窟和摩崖上的雕刻品全部翻模。

（2）切割时尽量保持文物的完整性；尺寸较大的摩崖浮雕必须分割时，应根据雕刻品分布和崖壁面裂隙发育情况分块，以不破坏或少破坏雕刻品为前提。

（3）按各件文物的病害情况，有针对性地采取补强与保护措施，以避免在切割、搬运过程中破损。

（4）在保证文物完整和安全的前提条件下，洞窟围岩和摩崖浮雕板切割的厚度，应尽可能薄些，减小体量以利于吊运。

（5）西区摩崖浮雕与洞窟部分连接在一起，切割时务必先施工前者。一号与二号洞窟侧壁间隔过薄，无法分割，应以整体切割为宜。

（6）复原组装时，应保持原来各件雕刻品的相互位置关系，尽最大可能保持原有的历史信息；为降低工程造价和便于集中保护起见，可将东区的单身大佛向西区靠拢；

且以模拟原址环境复原为好。

下面分别讨论各件文物的搬迁方案。

2. 摩崖浮雕的搬迁方案

2.1 赋存现状

摩崖浮雕赋存于O2m深灰色厚层灰岩上，岩体较完整。它是面积最大的一件石雕艺术品，宽420厘米，最大高度290厘米，一般高度150～200厘米，崖面上的雕刻品，计有大小不等的佛塔4座、佛龛143个，佛像171尊，蔚为壮观。该崖面的后缘为一与之大致平行的卸荷裂隙。由于该裂隙的展布，西侧在二洞窟的顶部以上已构成分离体。壁面自上至下有数条层面裂隙（Lc）发育，其中两条贯通延伸性最好者正好分别位于崖面的上、下方。雨季时顺上方层面裂隙渗水，以致碳酸盐白色沉淀物覆盖壁面范围较大。四座佛塔的塔檐，均因风化裂隙发育而有程度不同的破坏。此外，局部有人为损毁痕迹，例如，一号塔塔顶及一些较大佛像的头部。

2.2 补强加固措施

（1）壁面张开裂隙及佛塔塔檐部位，以环氧树脂黏结加固。

（2）采用韧性较大的化学材料，于崖壁面后缘15厘米处进行钻孔压力灌浆，封堵裂隙，以提高岩体强度和完整性

2.3 切割方案

由于摩崖浮雕平面尺寸大，故采取分块切割的方案，将其切割为三个块体，各块体厚度均为20厘米。其中一号、二号块体顶部界面基本沿层面裂隙Lc1，二号块体底部界面基本上沿层面裂隙Lc4。各块体的体量值列于表5-1中。

表 5-1　摩崖浮雕分割块体的体量值

块体号	宽度 (m)	高度 (m)	厚度 (m)	体现 (m³)	重度 (KN/m³)	重量 (KN)
一号	2.00	1.60	0.20	0.64	26	16.64
二号	2.20	2.00	0.20	0.88	26	22.88
三号	0.80	1.00	0.20	0.16	26	4.16

2.4 施工工艺过程和要求

（1）摩崖上所有雕刻品，都以硅橡胶翻模。

（2）清除浮雕区顶部以上的岩体，除一号佛塔部位外，均以 Lc1 为清除底界面。

（3）崖壁面裂隙及壁面后缘岩体以化学韧性材料补强加固，壁面后缘宜采用小口径金刚砂钻头打孔，孔深视壁面切割高度 1.70 ～ 3.00 米不等，孔距待灌浆试验后确定。

（4）为获取切割经验，先切割三号块体，切割顺序为底部—两侧—后缘。底部务必采用金刚砂薄锯片切割，两侧钎凿切割为宜，后缘则采用金刚砂钻头钻孔与钎凿结合切割。待该块体与母岩分离后即可起吊和搬迁。

（5）采用金刚砂薄锯片切割一号与二号块体的间缝（中缝），深 20 厘米。

（6）采用钎凿和金刚砂锯片分割一号与二号块体底部。由于一号块体与其下的一号洞窟顶距离很近，切割该块体底部务必采用金刚砂薄锯片，切割缝愈小愈好，以免影响一号洞窟顶板的稳定。二号块体可顺 Lc4 钎凿切割，底部切割缝高 35 厘米即可，然后在切割缝中垫入型钢，下部必须牢固支垫。

（7）采用支撑措施，以防止块体在切割侧边及后缘竖向缝时倾倒。

（8）采用金刚砂锯片或针凿切割侧边的竖向缝。

（9）以金刚砂钻头钻孔和钎凿相结合的方式，切割二号块体的后缘缝。待该块体与母岩全部分离后起吊和搬运。

（10）以上述同样方式切割一号块体的后缘缝和起吊搬运。

3. 洞窟的搬迁方案

3.1 赋存现状

二洞窟赋存的厚层灰岩岩体较完整、坚硬。洞窟均呈方形，其尺寸见表。洞窟规模虽然不大，但有佛龛 37 个，大小佛像 88 尊，飞天 4 身，造像题记 7 则；还有花、兽等雕刻品。窟龛镌刻精美，体现了北魏晚期方形的佛坛窟制和石雕艺术风格。

表 5-2　洞窟尺寸

编号	高度 (cm)	宽度 (cm)	深度 (cm)	备注
一号	165	165	195	一号洞窟口呈拱形，高 124cm（其中拱高 34cm），宽 88cm，厚 34cm。
二号	97	97	75	

洞窟内外的雕刻品，除较大的佛像头部和手、足部被人为损毁外，基本保存完好。一号洞窟内有 5 条呈 NE60° 走向大致平行的陡倾张开裂隙（Lz），贯通性较好，洞顶且有层面裂隙 Lc4 与窟外崖壁面连通。这些裂隙雨季均渗水或滴水，尤其是 Lz5 与 Lc4，分别位于洞窟的正壁面与洞顶上，出露范围较大，形成大面积的湿润区，也对壁、顶面的稳定有一定影响。此外，二洞窟口的顶部又有陡倾卸荷裂隙展布，它既影响洞口的稳定、雨季顺裂隙渗水溶蚀产生大量白色沉淀物，遮掩和污染部分雕像和题记，是渗水溶蚀病害最严重的部位。

3.2 补强加固措施

（1）采用环氧树脂黏结加固洞窟壁面的张开裂隙。

（2）洞窟侧壁围岩部位，在一号洞窟左侧及二号洞窟右侧距壁面 10 厘米处，各布置水平向锚杆两根，共四根。每根锚杆长 2.15 米，以提高洞窟围岩的强度和完整性。

（3）洞窟侧壁及后缘围岩进行竖向钻孔压力灌浆，以封堵裂隙，可采用韧性化学材料制成的浆液。

3.3 切割方案

二洞窟相邻侧壁间距离仅 15 厘米左右，不可能分割，因此以整体切割为宜。显然，洞窟的整体体量较大，在保证洞壁稳定的前提条件下，应尽可能减小其体量。为此，需要研究洞窟围岩的安全厚度问题。我们不妨运用材料力学的有关原理和方法估算一下。

（1）洞窟顶板的厚度：可采用梁板的概念来估算假设洞窟顶板为两端固定的梁板，其固定端弯矩最大，以下式计算：

$$M_{max} = \frac{q1^1}{12}$$

式中：q 为洞窟顶板岩体的单位宽度重量，$q = \gamma \cdot H \cdot b$，$\gamma$ 为岩体重度，H 为顶度厚度，b 为洞窟的深度；l 为洞窟的宽度。

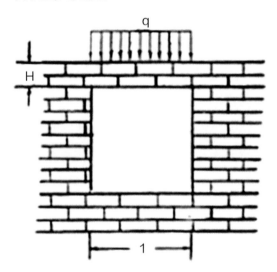

洞窟顶板厚度计算示意图

梁板在弯矩作用下，弯曲后的最大正应力发生在弯矩最大的截面上，其计算公式为：

$$\sigma_{max} = \frac{M_{max}}{W}$$

式中：W 为梁的抗弯截面模量，其值取决于截面的形状和尺寸，对矩形截面来说，

$$W = \frac{bH}{6}$$

梁弯曲时的正应力强度条件是：

$$\sigma_{max} \leq [\sigma]$$

式中：$[\sigma]$ 为许用弯曲应力，其值较许用拉应力略高。

由岩石强度试验得抗拉强度 5.325MPa，考虑到围岩的不均匀性和存在裂隙等缺陷，须除一个安全系数，此值定为 5，于是 $[\sigma]$=1.065MPa。围岩的重度据实测资料 γ =26KN/m^3。一号洞窟宽 I=1.65 米。

于是计算获得围岩顶板厚度：

$$H = \frac{\gamma \cdot 1^2}{2[\sigma]} = \frac{26 \times 1.65^2}{2 \times 1065} = 0.034m$$

（2）洞窟侧壁的厚度：可采用压杆的概念来估算。

对两端固定的压杆，为了安全起见，应求得作用其上的临界力 P_{cr}，其计算式即是欧拉公式：

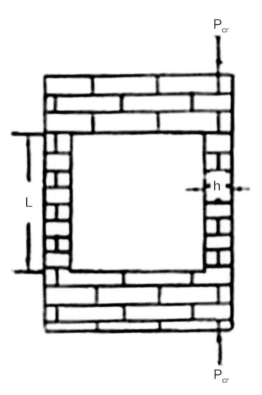

洞窟侧壁厚度计算示意图

$$Pcr = \frac{\pi^2 EI}{(0.5L)^2}$$

式中：E 为压杆材料的弹性模量；I 为压杆的惯性矩，$I = \frac{bh^3}{12}$，b 为压杆的宽度（即洞深），h 为压杆的厚度（即侧壁的厚度）；L 为压杆的长度（即侧壁的高度）。

假定压杆上作用 0.2 米高的荷载（即洞顶板厚度），则 P=Pcr=γ·0.2·b·l（式中的 γ 为岩体的重度，l 为洞宽）。得 P=16.73KN。

于是计算求得一号洞窟侧壁厚度：

$$h = \sqrt[3]{\frac{p \cdot (0.5L)^2 \cdot 12}{\pi^2 \cdot E \cdot b}} = \sqrt[3]{\frac{16.73 \times (0.5 \times 1.65)^2 \times 12}{3.14^2 \times 1.72 \times 10^7 \times 1.65}} = 0.0079m$$

由于围岩不均匀和存在裂隙等缺陷，应取一个较大的安全系数。与洞窟顶板一样，此值定为 5，则 h=0.039 米。

估算结果表明，由于洞窟规模较小，围岩厚度是相当小的，为安全起见，建议切割时洞窟围岩厚度为 20 厘米。随即可计算出洞窟的切割体积和重量。

二洞窟切割的总体积 V=2.05（高）×3.15（宽）×2.15（长）=13.88m³

总重量 W= 围岩体积 × 岩体重度 =（13.88−5.47）×26=218.66KN。

按上述方案切割，二号洞窟后壁围岩厚度为 1.4 米，显然太厚。为了减轻整体重量，其后壁围岩厚度也为 20 厘米，则可减少岩体体积 2.7 立方米，此时洞窟的总重量应为 148.2KN。

3.4 施工工艺过程和要求

（1）洞窟内外所有雕刻品，都以硅橡胶翻模。采用化学韧性材料黏结加固洞窟内外的裂隙。

（2）采用钎凿方式，在一号洞窟底板 20 厘米以下的水平上切割出一高 0.40 米、宽 3.15 米、深 2.15 米的切缝；垫入型钢，其底部必须支垫牢固。

（3）距洞窟壁左、右两侧及后部 20 厘米处，于地面以金刚砂钻头打一排竖向小口径钻孔，深及洞窟底板；从钻孔中压力灌注化学韧性材料，封堵围岩中裂隙，提高其强度和完整性。

（4）清除洞窟顶板厚度20厘米以上的岩体。

（5）在压力灌浆孔线上加密钻孔，并配合钎凿，将洞窟两侧及后部围岩与母岩完全分离。

（6）将二洞窟整体起吊和搬运。在切割和起吊过程中，务必采取措施防止倾倒。

4. 摩崖大佛的搬迁方案

位于东区的一尊摩崖大佛，高200厘米，坐落于一高210厘米、宽85～107厘米的岩龛中。其赋存环境与西区大致相同，由O2m深灰色厚层石灰岩组成的岩体较坚硬、完整，雕刻品上无贯通性裂隙。人工凿制的岩龛顶部以上20厘米处水平岩面上，有一排水沟可及时宣泄雨水和地下渗水，故未见裂隙渗水和溶蚀病害。该佛像右脸部被人为残损。总之，该石质文物基本保存完好。

摩崖大佛的佛像和佛龛，其表面的裂隙采用化学韧性材料补强加固后，即可整体切割搬迁。

经实测，其体积 V=2.50（高）×1.47（宽）×0.80（厚）=2.94m^3，重量 W=2.94×26=76.44KN。

施工工艺和要求参照上述两处石质文物。

5. 结论和建议

一、西沃石窟区的自然地理和地质背景比较复杂，它制约了该石窟的赋存条件和环境地质病害。

二、石窟所具体赋存的O2m深灰色厚层灰岩岩质较好，力学强度高，抗变形能力强，抗水溶蚀作用能力低。

三、石窟的环境地质病害有裂隙渗水和溶蚀病害，立壁卸荷裂隙病害和风化病害等，尤以渗水溶蚀病害最为突出，影响病害的因素是多方面的，其中人文因素不容忽视。

四、石窟搬迁保护应贯彻"全部搬迁、分区切割、局部补强、顺序施工"的方针，应采取各种措施防止失误。

五、石窟搬迁后，以模拟原址环境复原为好，尽最大可能寻找与原有的历史信息相近似的自然环境进行安装。

六、建立石窟技术档案，积累资料，以做进一步研究。

设计篇

第一章　制定实施方案前所做的工作

石窟现存遗迹包括两区，即东部的摩崖大佛区和西部的两座洞窟及摩崖雕刻区，由于条件的限制，目前对东区的情况还不甚了解，而西区的情况已基本掌握，两区绵延25米余。其中西区各类佛龛171个，佛塔四座，大小雕像200余尊，造像题记七则。据窟内造像题记载，石窟开凿于北魏孝昌元年（525年）完工于普泰元年（531年），先后雕凿达七年之久，距今已有1400余年的历史。

据县志和当地群众讲，这里的雕刻远不止这些，他们形容此处为："走塔不见塔，七十二座无影塔"，这是说人在岸边走，看不到下边峭壁上的浮雕塔群。可惜这些雕刻大多在修公路时被炸毁，现在仅存上述少量精华。

西沃石窟是黄河中游岸边的唯一一处北魏石窟，摩崖塔龛从小到大布满崖面，其中成行排列的塔形龛，是我省北魏石窟中所仅见，在国内它处石窟中也属少见。这种形制的塔龛，直到隋唐以后才在安阳宝山塔林中流行。西沃石窟的建造形制，补龙门石窟之缺。首创于云冈石窟的方形佛坛窟制，在这里得到发展，它的历史艺术价值，已在《中国石窟云冈石窟》一书中为著名考古学者们所认可，它为确认北魏晚期石雕佛像形式建立了年代学上的依据，是我国石窟艺术研究的一项新资料。西沃石窟是小浪底水库在我省淹没区中地面上唯一的一处省级文物保护单位，对它实施搬迁保护是我国文物考古部门主管领导与专家学者们的一致意见。

石窟整体搬迁保护，在我国文物保护史上尚无先例，即使从世界范围来讲，见于报道的也只有一例，即位于埃及阿斯旺省南部靠近苏丹边境的阿布辛拜斯，它是埃及国王拉美西斯二世（约前1304～约前1237年在位）所建的两座神庙，主殿前建有四座拉美西斯巨大雕像。神庙是在尼罗河西岸的砂石峭壁上雕刻出来的，神庙奉祀太阳神瑞，包括三个连接的大厅，伸进峭壁56米，主庙北面有个较小的神庙，奉祀苍天女神哈托尔，配以国王和王后10米左右高的雕像。20世纪60年代初建设阿斯旺大水坝时，由联合国教科文组织和埃及政府制订了一项使神庙遗址免遭淹没的计划，有 50 多个国家出资，并派遣国际工程师和科学家小组领导工人把峭壁顶部揭掉，将两座神庙移到高于河床 60 米的高地上。（引自《简明不列颠百科全书》中国大百科全书出版社出版，1985 年 6 月第一版，第一分册）至于详细技术资料，一时则难以找到。在没有任何整体搬迁石窟资料可供借鉴的情况下，我们只有参考类似的石窟加固保护的做法，探索研究着开展工作。因此，前期准备工作就显得特别重要。

总体来说，研究准备工作主要分为以下几个方面：①考古调查与测绘；②窟区工程环境地质勘察与研究；③其他准备工作。

1. 考古调查与测绘

如前所述，1984 年 8 月 28 日，温玉成先生率队曾对该石窟进行过一次勘察，取得了前所未有的成果，初步揭开了西沃石窟的秘密，但受石窟所处环境和调查条件的限制，勘察具有相当的局限性，其西区外壁的浮雕方塔、排列有序的别致佛龛和东区的大佛等，这次均未能作详细勘察。所以在动工之前，有必要再作一次认真细致的考古勘察，把石窟的所有资料取全，以便于搬迁复原后作对比检查。

1995 年 4 月至 5 月，在研究馆员陈进良、副研究馆员牛宁的带领下，由副研究馆员陈平、馆员李中翔、孙红梅及甄学军、李银忠等同志参加，赴西沃石窟现场进行勘察。由偃师市诸葛文物维修队的工人，依山崖在窟区搭建高 9 米，宽 1.5 米的悬空工作架，并从岸边公路顺山势修筑斜坡梯道至工作架，这样工作起来就方便多了。我们请解放军郑州测绘学院航测系影像信息工程实验室进行近景立体摄影测绘，同时进行了测量、绘图、拍照、捶拓、记录等多项现场勘测工作，后来又请中国社科院考古研究所的李裕群先生到现场进行了测量绘图。总之，这次的现场勘测工作作的相当扎实，取得的成果也是显著的。这次勘察成果已发表在《文物》1997 年第 10 期和河南省文物管理局、水利部小浪底水利枢纽建设管理局移民局合编、黄河水利出版社出版的《黄河小浪底水库文物考古报告集》上。

2. 窟区工程环境地质勘察研究

为做好对石窟进行整体搬迁保护工作，必须对石窟所依附的山体、岩体、岩石和地下水以及石窟环境地质病害和产生的原因进行系统的勘察、测试、分析和研究，详细掌握岩石和地质情况，从而制订出科学的施工方案。这项工作的主要内容是：

①石窟区环境地质调查；

②石窟区实测地质剖面；

③石窟及立壁雕刻岩体结构面测量；

④采集岩石试件，进行室内化学成分、矿物成分、微结构分析及物理力学性质参数测定；

⑤采集基岩裂隙水和黄河水样，进行水质分析；

⑥采集石窟壁面沉积物进行化学成分全分析，以研究其环境病害；

⑦对石窟及立壁雕刻品进行强度测试；

⑧对岩体结构面网络进行计算机模拟，以查明石窟区岩体结构特征。这项工作，

李智毅教授、王建峰副教授等在现场勘察（一）

李智毅教授、王建峰副教授等在现场勘察（二）

李智毅教授、王建峰副教授等在现场勘察（三）

是请中国地质大学环境科学系工程地质教研室的李智毅教授、王建锋副教授及硕士研究生贺为民、卞大巍等完成的。

3. 其他准备工作

在进行以上两项准备工作的同时，还需考虑石窟岩体的切割方法和切割块体的吊装问题。我们请了有经验的石工到现场考察研究，并到一些采石场和工具市场上调查有关岩石切割的技术和工具。请吊装工程师察看沿途道路、桥梁、工作场地，测量起吊对象到岸边的距离，提供使用吊机的吨位和可以起吊的重量，同时也考虑采用其他吊装方法的可能性。

为了确保石窟搬迁的万无一失，在制订实施方案前，做了大量的前期准备工作。从1995年2月至4月，进行了勘察测绘。主要内容包括：现场踏勘、现场考古调查、近景立体摄影测绘、照相、录像、捶拓和资料收集整理等。在这时，发现了东区的单身大佛。在此基础上，于1996年4月初步制订了搬迁保护方案，在部分专家中征求意见。

1996年9月后，我们根据有关专家的建议，又进行了如下诸项工作。

（1）聘请中国地质大学工程地质教研室李智毅教授和环境科学与工程学院副教授王建锋博士，带领几名研究生，进行环境地质调查和室内测试研究工作，完成了1.8平方公里的1∶5000石窟区地质调查；石窟区1∶100实测地质剖面；石窟及立壁雕刻品岩体结构面测量；采集岩石试件，进行室内岩石化学成分、矿物成分、微结构分析及物理力学性质参数测定；采集基岩裂隙水和黄河水样，进行水质分析；采集石窟壁面沉淀物进行化学全分析，以研究其环境病害；对石窟及立壁雕刻品进行回弹锤击，获取雕刻品表层强度数据；对岩体结构面网络进行计算机模拟，查明石窟区岩体结构特征。

（2）请中国石油天然气总公司洛阳石油化工机械厂的吊车司机和起重工到现场察看工作环境及研究有关吊装问题。到该厂考察了35吨吊机的有关情况。

（3）请工程承建单位的骨干技工在现场研究有关雕刻品岩体的切割技术问题，对别处有关施工现场和市场上的岩石切割工具进行了考察。

（4）根据多数专家较为一致的意见：搬迁石窟需把洞窟及摩崖浮雕上部的围岩全部凿去。在正式切割雕刻品以前，现已把东西两区的上部围岩凿至雕刻品顶部，这些岩体全部以手工开凿。

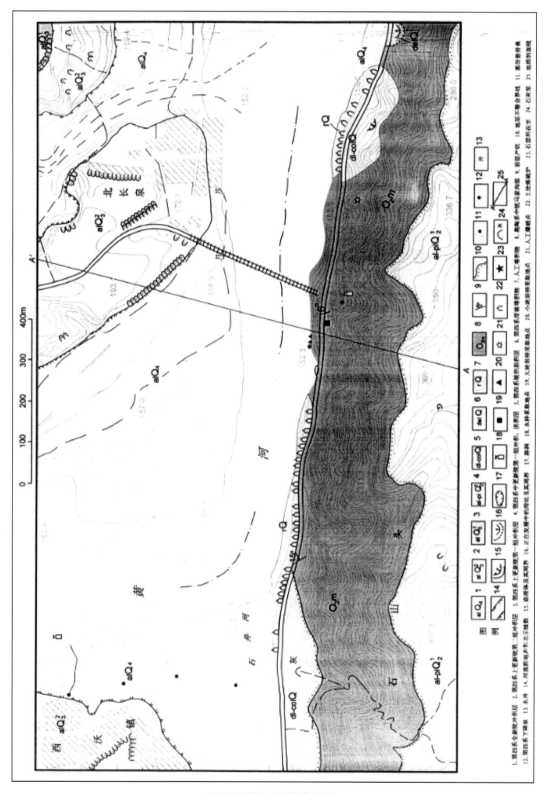

西沃石窟区环境地质图

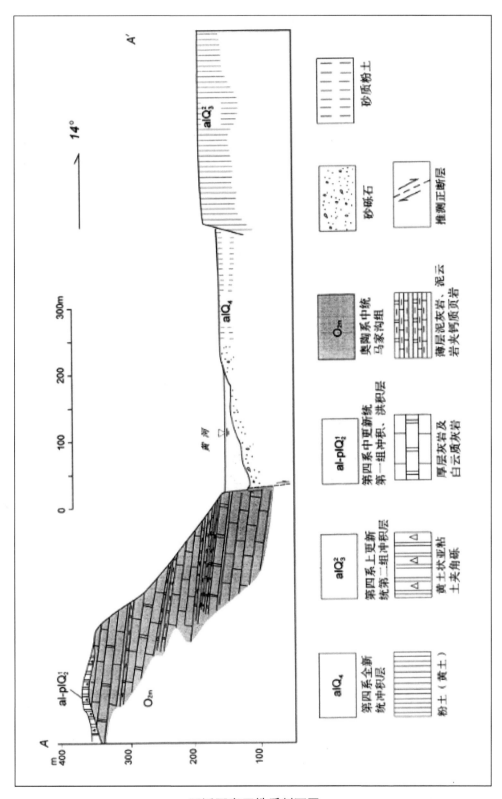

西沃石窟区地质剖面图

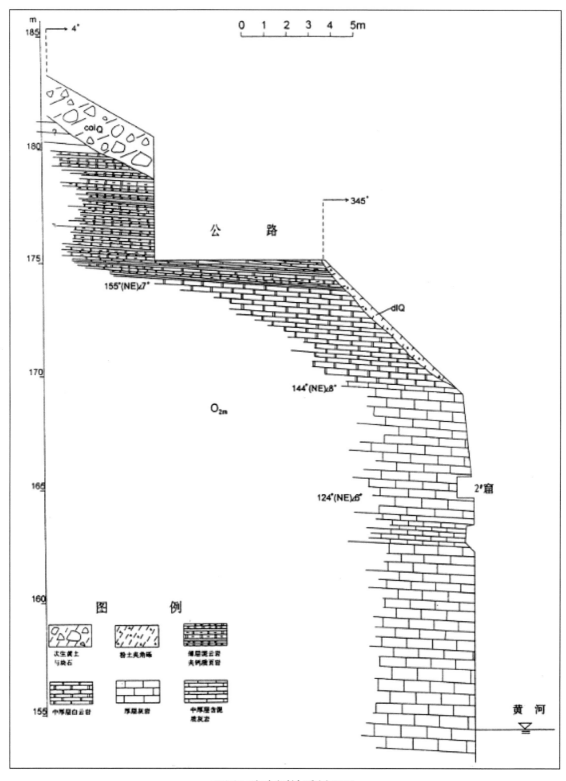

西沃石窟实测地质剖面图

中国地质大学(武汉)水文系水化学实验室
水 质 分 析 成 果 表

送样单位 _____
采样地点 _____

分析编号 1
送样编号 一号泉水

采样日期 1996.10

阴阳离子	项目	毫克/升	毫克当量/升	毫克当量量%
阳	Ca^{2+}	325.45	16.24	54.24
	Mg^{2+}	115.21	9.48	31.66
	Fe^{2+}			
	Fe^{3+}			
	NH_4^+			
	Na^+	>105.50	4.22	14.09
	K^+			
	合计	546.16	29.94	100.0
阴	Cl^-	31.91	0.90	3.01
	SO_4^{2-}	1191.14	24.80	82.83
	HCO_3^-	258.72	4.24	14.16
	CO_3^{2-}			
	OH^-			
	NO_3^-			
	NO_2^-			
	合计	1481.77	29.94	100.0

水温 ℃
pH值 6.90

项目	毫克/升
矿化度	2027.93
游离CO_2	16.96
侵CO_2	1.76
耗氧量	
可溶SiO_2	
F^-	
H_2S	

采样深度 米
气温 ℃ 地面下 ℃

沉定 项目	
As	
Hg^{+1}	
CN^-	
Cr^{+6}	
Cr^{+3}	
酚	

米水面下 米
色度
采样方法

项目	浊度
全硬度	72.12
永久硬度	60.23
暂时硬度	11.89
负硬度	/
总碱度	11.89
Cu^{+2}	毫克/升
Pb^{+1}	毫克/升
Zn^{+1}	毫克/升

库尔洛夫表达式

$$M_{2.02} \quad \frac{SO_4 \, 82.83}{Ca \, 54.24 \; Mg \, 31.66} \quad C.$$

备注

分析者 _____ 复核 _____ 审阅 _____ 日期 1996.10.4

水质分析成果表

中国地质大学(武汉)水文系水化学实验室
水 质 分 析 成 果 表

分析编号 R
送样编号 盐洞水

送样单位 ＿＿＿＿
采样地点 ＿＿＿＿

阴阳离子	离子	毫克/升	毫克当量/升	毫克当量%	项目	采样日期	米·水面下	采样深度	地面下	项目	色度	米
阳	Ca+2	69.62	3.46	48.39	水温	1996.10		气温	℃	浊度	16.68
	Mg+2	30.33	2.49	34.83	pH值	7.20				色度	9.90
	Fe+2				矿化度	513.25		嗅味		嗅味	11.78
	NH4+1				游离CO2	8.48				采样方法	一
	Na+1	>30.00	1.20	16.78	侵CO2	0.00					
	K+1				耗氧量			沉淀		全硬度	
	合计		7.15	100.0	可溶SiO2			As		永久硬度	
阴	Cl-	40.77	1.15	16.08	F-			Hg+2		暂时硬度	
	SO4-2	86.65	1.80	25.17	H2S			CN-		负硬度	
	HCO3-	129.75	7.15	100.0				Cr+6		总碱度	毫克/升
	CO3-2							Cr+3		Cu+2	毫克/升
阴	OH-				库尔洛夫表示式			酚		Pb+2	毫克/升
	NO3-									Zn+2	毫克/升
	NO2-										
	合计	383.50	7.15	100.0							

$$M\,0.5,3 \quad \frac{HCO_3 68.74 \; SO_4 25.17}{Ca48.39 \; Mg34.83} \; C。$$

分析者 ＿＿＿＿   复核 ＿＿＿＿   审阅 ＿＿＿＿   日期 1996.10.4

水质分析成果表

中国地质大学（武汉）分析测试中心 化学分析报告

送样单位：中国地质大学 环工学院

计量单位：$w(B)/\%$

原编号	SiO_2	Al_2O_3	Fe_2O_3	MgO	CaO	Na_2O	K_2O	H_2O^+	H_2O^-	TiO_2	P_2O_5	MnO	SO_3	酸不溶物	烧失量
1#窑	0.61	0.24	0.13	1.79	52.50	0.01	0.17	0.94	0.88	0.010	0.006	0.003			44.24
2#窑	1.15	0.39	0.22	2.15	51.68	0.01	0.22	1.17	0.64	0.016	0.015	0.003			43.86
单烧	1.26	0.35	0.10	0.63	53.29	0.01	0.26	1.15	0.84	0.012	0.006	0.002			43.80
2-3	1.36	0.23	0.36	17.65	33.70	0.02	0.18	1.77	1.04	0.008	0.016	0.007			48.18
焦塔	0.64	0.19	0.09	0.50	54.30	0.01	0.13	0.74	0.52	0.009	0.006	0.002			43.90
白色沉淀	15.49	3.43	1.28	1.13	31.83	0.41	0.69	3.29	8.32	0.19	0.068	0.017	18.38		27.10
0-1				12.29	20.63				0.74					31.38	31.50
4-5				0.46	53.14				0.40					3.07	42.60

打印：　　　　　校对：　　　　报出日期：19001022

化学分析报告

第二章　石窟搬迁保护实施方案

根据前期各项工作所取得的成果和李智毅先生对石窟搬迁施工方案的建议，提出如下实施方案。

1. 搬迁保护原则

石窟整体搬迁保护，是一项全新的工作，鉴于该石窟具有重要的文物、历史和艺术价值，必须全力保证搬迁的完全成功。为此，我们制定的搬迁保护原则是：精心设计，精心施工，分块切割、起吊，确保安全，原貌恢复。

2. 搬迁过程的资料工作

（1）由于石窟所处位置艰险，且无搬迁经验可供借鉴，为防止万一出现不测，使部分雕刻破碎或掉入黄河（此处水深流急，根本无法打捞），给复原造成困难，所以在切割之前，需把洞窟和浮雕的所有雕刻、题记，用室温硫化硅橡胶翻模，以留下复原根据。所用的室温硫化硅橡胶为化工部成都有机硅研究中心生产的 351 号及 506 号。目前材料已到，正在进行小型试验。从试验情况来看，还存在两个问题：一是现在气温较低，固化时间过长（在 20 小时以上）；二是在脱模后，岩体表面色泽明显变暗。经与硅橡胶研制者联系，认为温度问题现在不好解决，只有到开春后让气温自然升高。但大坝截流时间迫近（1997 年 10 月），工期不能后拖，我们拟用红外灯加热，尽量争取时间。岩石表面变色问题，很可能是与炼硫炉有关。附近空气中 SO_2 浓度极高。据中国地质大学对岩表絮状物取样分析结果，SO_2 含量高达 18.38%! 硅橡胶固化的催化剂是二月桂酸二丁基锡，锡遇 SO_2 即变为硫化锡（SnS），成为黑色。黑色能否有效地洗去，是当前急需解决的问题。我们也正在全力进行试验研究。

计划制模厚度不小于 1 厘米，施工采用涂刷法，为节省原料，并减小成模后的伸缩变形性，拟在制模时加入若干层脱脂纱布，此种做法还可缩短制模时间。

（2）为记录搬迁工程的全过程，除做好各个工序的文字记录和工作日志外，还把施工过程以照相和录像的方式记录下来，保证施工过程资料的完整性。

3. 摩崖浮雕的搬迁方案

摩崖浮雕赋存于 $O2_m$ 米深灰色厚层灰岩上，岩体外观较完整，它是此处面积最大的石刻艺术品。宽 420 厘米，最大高度 290 厘米，一般高度 150 ~ 200 厘米。计有大小不等的佛塔 4 座，佛龛 143 个，佛像 171 尊。该崖面的后缘为一与之大致平行的卸荷裂隙，由于该裂隙的展布，两侧在二号窟的顶部以上以构成了分离体。壁面自上而下有数条层面裂隙发育，其中两条贯通延伸性最好者正好位于崖面的上、下方。雨季时顺上方层面裂隙渗水，以致碳酸盐白色沉淀物覆盖壁面较大范围。

3.1 分块切割方案

由于摩崖浮雕平面尺寸大，为便于起吊和运输，并确保安全，拟采取分块切割的方案。计划从右至左分为五块，即把李智毅先生分为三大块的方案修正为五块，一号分为二块，二号分为二块，三号不动。分割线除考虑层面裂隙（如一号、二号块体顶部的大层面裂隙和二号块体下部的层面裂隙）外，其余分割线尽量取直线，以便于复原对接。保护雕刻品的完整性，也是分割线必须考虑的重点。

通过对上部围岩的揭露，看到岩体比较破碎，皆是厚度不大的片状。为此，我们考虑块体的厚度不宜太薄，以不小于 30 厘米为宜。李先生对块体厚度 20 厘米的建议，是有充分根据的，我们只是认为在吊机能够起吊的重量下，厚度愈大会愈安全。经实测，此处岩体的密度为 $2.6g/cm^3$。这样每个块体的体量值为：

摩崖浮雕分割块体的体量值为：

块体号	宽度 (m)	高度 (m)	厚度 (m)	体积 m³	重量度 (KN/m³)	重量（KN）
一号	1.05	1.60	0.30	0.504	26	13.11
二号	0.98	1.52	0.30	0.45	26	11.62
三号	1.03	2.00	0.30	0.62	26	16.07
4#	1.16	1.92	0.30	0.67	26	17.37
5#	1.10	0.8	0.30	0.27	26	6.86

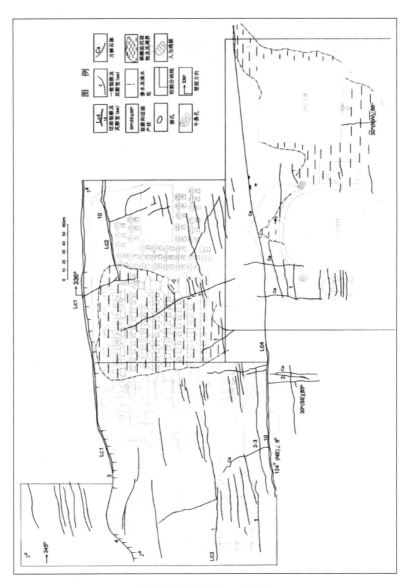

摩崖浮雕及洞窟口立壁图

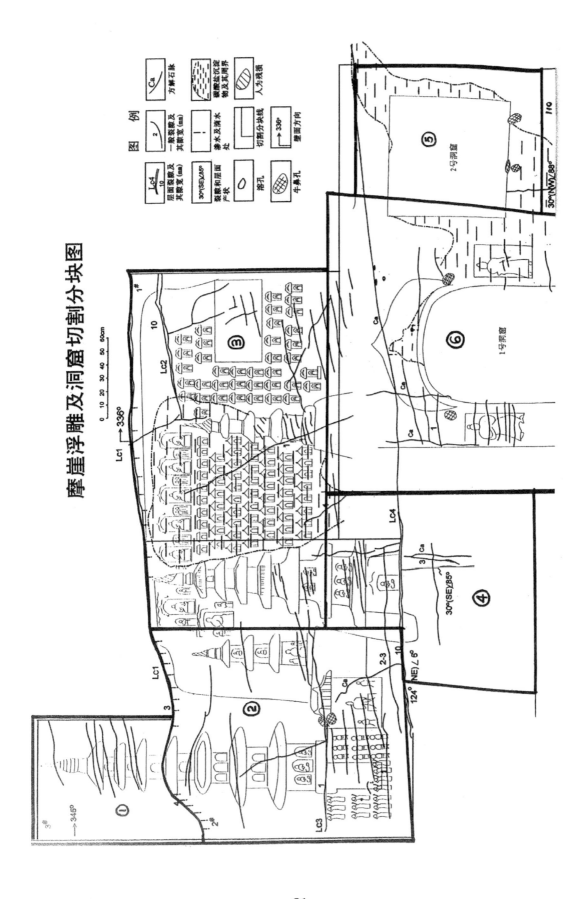

摩崖浮雕及洞窟切割分块图

3.2 切割操作

在确定了分割线之后，雕刻品表面用聚乙烯醇缩丁醛的乙醇溶液作黏合剂，粘贴至少两层纱布，以保护雕刻在施工中的安全，同时也可保护已风化的表面不致有小片脱落。

切割操作当从五号块体开始，这是因为其最靠上部，四面的围岩便于凿除，下部也正好有一大的层面裂隙。

围岩的凿除从背后开始，然后以砂轮切割机沿下部的层面裂隙切割五厘米左右深度。在块体下部的左右两侧用冲击电钻钻两个透孔，以穿入钢丝绳起吊和在切割左右两侧围岩时起保护作用。对应于切割缝背后的岩石，靠手工钎凿，以使上部块体与下部岩体完全分离。最后用同样的方法切割、钎凿左右两侧的岩石。这时应特别注意块体的安全，具体措施是用倒链吊住块体，防止向前后倾倒。

在起吊之前，在已切割分离下的块体背后，用环氧水泥砂浆加固，厚度为10厘米。如有必要环氧水泥砂浆中还可衬入几层纱布，以增加环氧层的强度。这样可以提高块体的整体性，使起吊和运输时的安全系数增大。

赶吊用35吨吊机来实施。该吊机塔高可伸至30米以上，吊车停放在公路上，距起吊目标12米，这时吊机的超重量可达9吨左右。对于起吊最大的重量为2吨的块体，当没有什么问题。

起吊浮雕块体时，采用外部包有橡胶层的钢丝绳捆绑，以防损伤浮雕。这样的钢丝绳有成品出售。

吊车开进现场不太容易，也不可能长期停在现场等候起吊。拟把浮雕的几个块体都切割完后，再让吊机一同起吊。这样做，必须保证切割下的石刻块体有稳妥的存放之处。这只有加宽开凿后背山体，扩大工作面才能解决。计划中的工作面宽度为2米。切割下的浮雕块体，用倒链吊至工作面，以备统一吊至岸上。

一号至四号块体的切割，方法步骤与五号块体相同。由于一号块体与其下部的一号洞窟顶距离很近，切割、钎凿该块体底部时，务必更加小心，以免影响一号洞窟顶板的稳定。

一号浮雕块体右侧（即二号洞窟上部）和三号、四号浮雕块体下部（一号洞窟左侧），皆无雕刻，为了复原后保持整个雕刻区色调相协调，准备把这两个区域的岩体也与以搬迁，使其下部边缘与一号洞窟底部仍保留在一个水平线上。

4.两个洞窟的搬迁方案

两个洞窟赋存的厚层灰岩岩体较完整、坚硬。它们的大小为：

编号	高（厘米）	宽（厘米）	进深（厘米）	备注
一号	1065	165	195	一号洞窟门呈拱形，高124、宽88、厚34厘米。
二号	97	97	75	

洞窟规模虽然不大，但有佛龛37座，大小佛像88尊、飞天4身，造像题记7则，还有重幔、花饰等雕刻。镌刻精美，体现了北魏晚期方形佛坛窟制和艺术风格。

洞窟内外的雕刻，除较大的佛像头部和部分手足被人破坏以外，基本保存完好。一号洞窟内有五条呈 NE60° 走向大致平行的陡倾张开裂隙，贯通性较好，洞顶且有层面裂隙与窟外崖壁相通。这些裂隙雨季均渗水或滴水，尤其是位于洞窟正壁面和洞顶的裂隙，出露范围较大，形成大面积的湿润区，也对壁面及洞窟顶面的稳定性有一定的影响。此外二洞口的顶部又有陡倾卸荷裂隙展布，它既影响洞口的稳定，又在雨季顺裂隙渗水溶蚀产生大量的白色沉淀物，遮掩部分雕刻和题记，是渗水溶蚀最严重的部位。

二洞窟最理想的搬迁方案，李智毅先生已为我们设定，就是还让他们连在一起整体搬迁。这样二洞窟的安全性把握较大，各部雕刻也不受损，复原时又较为省工。但是洞窟距岸上的公路中心水平距离为12米，35吨吊机的最大起重量只有9吨左右，两个洞窟连在一起，按照窟壁厚度只保留20厘米计，重量也在15吨上下，35吨吊机就无能为力。根据目前的考察，再大起重量的吊机进入现场则很困难。应用别的方法（如大型绞车向岸上拉），就很难保证洞窟的安全。不过两个洞窟连同一起吊的方案，我们还不准备完全舍弃，还要再进一步进行考察研究，以达整体起吊的目的。在目前情况下，仍需采取分块切割的方法才较为稳妥。

4.1 洞窟分割方案

因一号洞与二号洞之间的侧壁距离仅 15 厘米，不可能从两窟中间切割。若把二号洞的东壁分给一号洞，则一号洞窟的重量仍然过大。我们计划从一号洞口右侧开始起拱处切割，把一号窟右壁的一部分连在二号窟上，与二号窟一起起吊。这样切割，一号窟就成了不完整的洞，起吊时会有一定的危险。为解决此问题，我们拟把一号窟洞口左侧再向窟内切，切线沿左壁，后壁和右壁大佛头上方进展，即可把窟顶切掉。一号窟其余部分连同窟底一起起吊。

4.2 施工工艺

①首先钎凿两窟后壁岩体，使与母岩相分离，保留窟壁 20 厘米。

②在窟底以下 30 厘米处向山挖凿窟底岩体，挖凿高度不小于 70 厘米，以便人员进入操作。当与后壁挖通后，在窟底垫入木板或型钢，一定要垫牢，然后再挖凿洞窟外左右两侧。这样，洞窟就完全与母岩相分离，全靠下部的型钢承托。

③窟内分割线确定后，仍以聚乙烯醇缩丁醛的乙醇溶液作黏合剂，粘贴两层纱布，以保护雕刻。洞窟外部以环氧水泥砂浆加固，厚度为 10 厘米。

④切割按窟内事先设计线进行，用切割机切深 5 厘米的缝，外部对应于切缝钎凿。也可用电钻密排打孔，不过这可能会损伤部分雕刻。

⑤一号窟顶的起吊，用较厚的木板或圆木，按照窟顶的弧度制作，垫在窟顶上，从外部打孔四个，穿入钢丝绳，内端套牢在圆木上。这样即可较安全地把窟顶吊起。

洞窟切割较浮雕部位难度更大，施工操作更应加倍精细。

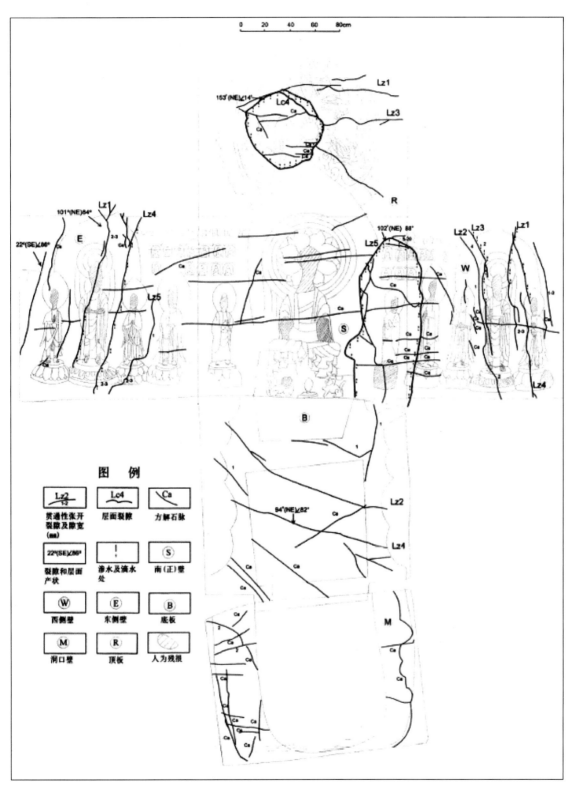

一号洞窟展视图

二号洞窟展视图

5. 东区单身立佛的搬迁

位于东区的摩崖大佛，高 200 厘米，坐落于高 210 厘米，宽 85～107 厘米的岩龛中。其赋存环境与西区大致相同。由 O2m 深灰色厚层石灰岩组成的岩体较为坚硬、完整，佛身之上无贯通裂隙。在佛龛顶部以上 20 厘米处水平岩面上，有人工开凿的排水沟，可及时排泄雨水和地下渗水，故未见佛身裂隙渗水和溶蚀病害。

相对于西区的雕刻，此佛的切割分离较为容易。拟将四周岩体分离后，整体吊运。计划切割体积为

$$V=2.50（高）\times 1.47（宽）\times 0.70（厚）=2.57m^3$$

其重量 $W=2.57\times 2.6=6.8t$

为保安全，佛体切块四周仍以环氧水泥砂浆加固

搬迁该佛块体的难点在起吊。经实测，佛体距吊机的最近距离为 18～20 米，这时 35 吨吊机只能吊起 2 吨，所以只靠吊机还不能解决起吊问题。我们计划先用倒链把佛体向上、向后倒运二次，起吊距离可缩短 3～4 米左右。然后把山体铲除呈斜坡状，坡上垫上杉杆。用吊机吊住佛体，使佛体沿杉杆向上移动，到吊机的吊力足以达到完全吊起佛体时，再把佛体吊起吊至岸上。

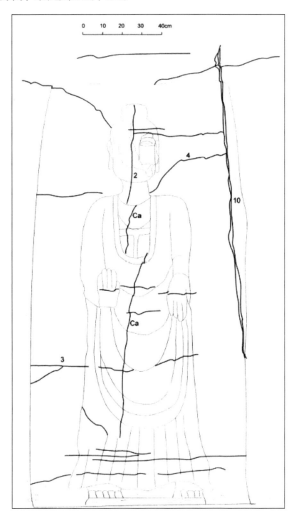

摩崖大佛立壁图

6. 雕刻块体的运输

石窟复原地点距石窟原址约 50 千米，道路大多为山路，且有 10 千米凸凹不平的路面，要安全运输切割下的雕刻块体，需解决车辆的震动问题。根据它处工作的经验，计划先在运输车上铺一层砂子，把雕刻块体装上车后，再用砂子把块体之间的空间填满，使车子满载慢行。这样运输既安全，又可节省包装费用。

7. 搬迁施工工艺

（1）为了预防在切割、搬迁、运输中出现失误，造成无法挽回的损失，需在施工之前把洞窟和摩崖上所有雕刻品，都以硅橡胶翻模。这样，即使在施工中偶然出现损失，也可以根据事先所翻制的模型把雕刻品复原。

（2）在洞窟和浮雕下部凿平硐，平硐左、右及后部皆大于洞窟雕刻各 100 厘米，平硐高约 80~100 厘米，以便于进入工作，在平硐上部垫入型钢或木板，下部支垫牢固。

（3）把洞窟顶部、后部及左右两侧的围岩凿去，其范围要各大于洞窟四周 3 米左右，以便于下步工作。这时洞窟及雕刻品即呈现与周围岩体相分离，仅靠下部支垫起的独立体。

（4）为了探索洞窟整体起吊和搬运的可能性，尽量凿除洞窟围岩，但其厚度以不小于 40 厘米为宜，以保证洞壁的安全，同时尽可能减轻洞窟整体重量。

（5）对洞窟围岩进行加固，以保证整体起吊和运输时的安全，即使因整体重量过大，大型吊机无法进入现场，大型运输车辆不能通过等原因而无法整体吊运，因围岩相当破碎，所以对其进行加固也是必需的。加固的方法是：

①以环氧树脂对围岩裂隙进行压力灌浆，黏结加固裂隙；

②以环氧砂浆或环氧玻璃钢加固围岩外部，厚度约 10 厘米，这样就可以保证吊运和切割时的安全。

（6）若进行分割吊运（大面积的浮雕必须进分割），这时可根据雕刻品和岩石裂隙情况，在不破坏重要雕刻的前提下，进行分块切割，切割采用机械与人工操作相结合的方法进行，特制岩石切割机和合金钢锯条，使分割缝尽可能地小些，以少破坏雕刻品为原则。在起吊、道路和桥梁允许的情况下，对洞窟尽可能采用整体吊运搬迁法，这既可保证洞窟的完整性，也利于复原组装。

（7）由仓头到西沃的公路，路基很差，多年失修，再加上青要山滑坡对公路形成的阻塞，使路面崎岖不平，为确保运输中石窟切块的安全，需对石窟部件采用防震木箱包装、轻装、轻卸、车辆慢行。

8. 石窟的复原组装

总体原貌恢复，另有设计方案，这里仅叙述石窟本身的复原组装。

复原组装严格按照原始实测图和照片资料进行，各个块体的组装次序正和切割起吊时相反，最后切割的最先安装。块体之间以环氧砂浆黏合，原块体上的环氧水泥砂浆不再去掉。窟外用同样灰石以水泥砂浆包砌。东区独立的大佛，拟向西区石窟靠拢，以利于集中保护。切割对接缝修饰做旧，使与周围雕刻色调一致。若在切割起吊时有损毁的雕刻，用事先翻制的硅橡胶模制出石膏雕刻，照此雕刻再刻制石雕，补嵌在对应位置。

最后，石窟雕刻表面以聚甲基三乙氧基硅烷（成都有机硅研究中心研制）喷涂，加固保护表层。

9. 后期工作

（1）组装复原及其他保护工程完成后，需再进行一次实测及拍照，以与迁前相对照，检查搬迁复原效果。

（2）由于石窟环境的改变，它本身也需要有个适应新环境的过程，因此，加强对环境和石窟本身变化的观测是必要的。鉴于此处石窟规模较小，没有必要重新购置一套观测设备。可定期借用别处石窟专用观测设备，或聘请有关单位进行观测。这工作至少要坚持十年以上，以后可酌情减少观测频率。从而及时发现问题，及时采取措施，以利于石窟的长期保存

（3）整体搬迁石窟，在我省、我国都是初次尝试，所以在施工过程中，资料记录工作是十分重要的。工程全部结束后，对资料进行整理，编辑、出版，尤其必要。这是最好的档案资料，也是国际上通行的做法。

第三章　石窟搬迁复原保护工程概算

1. 编制依据

（1）石窟搬迁复原保护工程在我国尚无先例，属试验研究性工程，但是又不允许些许失败，再加之该石窟所处地理环境条件较差，施工艰险，经费概算编制基本无相应的定额可供遵循。因此只能结合本工程的具体情况，参照各种材料的市场价格编制概算。

（2）取费标准依据河南省建设厅一九九四年十二月颁布的《装饰、古建园林、市政、房屋修缮、抗震加固工程费用定额及说明》执行。

2. 编制说明

（1）近景立体摄影测绘是国际上 80 年代对石窟测绘较为先进的技术。我国引进时间不长，目前只有少数几个单位掌握。进行搬迁前后两次测绘，是为了检查复原效果。我们委托解放军郑州测绘学院实施。

（2）环境地质研究需进行石窟地质岩性，地质构造，水文地质条件，地质病害，岩石、岩体参数测试（包括岩石、岩体物质组成及结构，物理力学性质参数等），地下水及河水化学成分分析等各项研究。请武汉地质大学环境科学系实施。

（3）石窟在黄河岸边的悬崖上，崖壁基本呈 90 度，下有深不可测的河水，上距岸边 8 米余，搭建脚手架十分困难。脚手架拆除时，材料上运也比一般地区困难得多。脚手架的稳定只能靠在崖壁上打锚杆固定。因而其人工费也较高。脚手架的规模为长 35 米，高 20 米，宽 3 米。

（4）石窟剥离岩体，全靠人工凿石，这是搬迁石窟用工量最大的项目。凿石部位及数量参见示意图。

（5）为了不使石窟围岩在切割时破碎，需将岩体进行环氧树脂灌浆加固，然后再在围岩外部涂以 15 厘米厚的环氧砂浆。需加固的围岩体积为 120 立方米，环氧砂浆加固的面积为 53.2 平方米。

（6）为在施工中保护雕刻品不被撞坏，其表面尚需用聚乙烯醇缩丁醛的乙醇溶液作黏合剂，贴几层脱脂纱布，石窟复原后，再用乙醇将黏合剂溶解，把纱布揭掉。

（7）石窟个体庞大，不可能整体吊至岸边，所以需根据岩层、岩体裂隙和雕刻品的画面情况，进行分块切割。切割机械需根据现场情况而特制。

（8）对于石窟雕刻品来说，切块越大，损坏得越少，所以，在条件可能的情况下（如道路等），尽可能使用大吨位的吊机。

（9）为保证在运输过程中不使石窟切块再损坏，除对切块进行安全包装外，要求车辆慢行，减少震动。因而汽车运费相应要高。

目前迁移地点尚无确定。洛阳市的意见为迁至关林，新安县的意见是不出本县。我们的意见较倾向于迁至洛阳关林，因这里不需征地，也便于保护和发挥作用。不利的条件是运距较远（约 100 千米）。但还必须考虑新安县的意见，同时迁至新安县的可能性最大，因而征地费和修道路的费用还必须纳入。

（10）尽管在施工中尽量采取安全保护措施，不使石窟的任何一部分损坏或掉入河中，但谁也不敢百分之百的打保票。为了防止这"万一"情况的出现，所以在对石窟进行切割前，先投入较高代价，用硅橡胶把雕刻品翻出模子。若出现"万一"，则可根据模子进行局部复原。

（11）石窟复原时，以 φ30 钢砼作长 13 米，宽 6.5 米，厚 0.4 米的基础。其上建长 12 米，宽 5.5 米，高 1.5 米的料石高台（高台周边用料石，中间用毛石）。在高台上修复石窟。石窟外围以毛石包砌。外面建一座采光良好的、仿北魏形式的木结构保护房。

（12）石窟雕刻已经历了一千四百余年的风雨剥蚀，表面风化严重。为不使其继续风化，延年益寿，在修复后以特种有机硅材料进行表面加固封护。

（13）为记录石窟搬迁的全过程，购置录像机一台。

（14）此地远离村镇，无电源设施，为解决施工用电，需购 12 千瓦发电机组一部。

（15）施工点距县城 40 千米，附近村民正在搬迁，交通十分不便。同时在施工中，邀请不少有关专家到现场指导、研究工作，也有诸多不便。所以需购交通车一部。

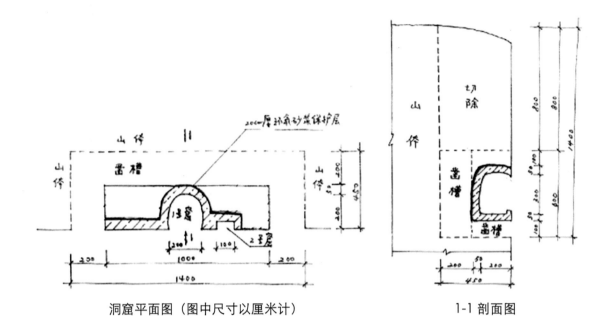

洞窟平面图（图中尺寸以厘米计）　　　　　　1-1 剖面图

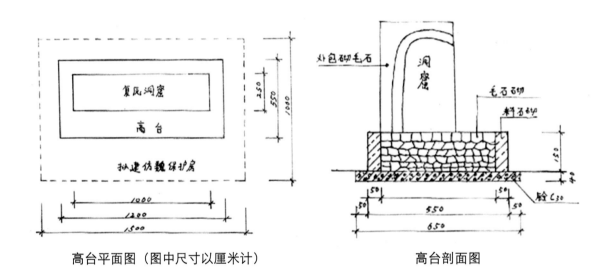

高台平面图（图中尺寸以厘米计）　　　　　　高台剖面图

3. 概算总表

一、工程费用（勘察、搬迁、复原）	266.2160 元
二、电源（12 千瓦发电机组、电缆）	5.5000 元
三、资料费（全过程录相、照像）	4.0000 元
四、新址征地、道路费	150000 元
五、交通工具费	320000 元
六、资料整理出版费	120000 元
七、论证会，验收会费	17.0000 元
总计：	351.7160 元
工程费用概算细目	
（一）前期勘察研究	10.0000 元
1. 近景立体摄影测绘（前后两次）	4.0000 元
2. 环境地质研究	4.0000 元
3. 考古、艺术测绘，资料收集	2.0000 元
（二）搭建承重脚手架	8.5600 元
1. 材料费	
①杉杆 25 立方米 ×1400 元 / 立方米	3.5000 元
②竹架板 300 块 ×40 元 / 块	1.2000 元
钢筋（①6）1 吨 ×3500 元 / 吨	3500 元
安全网 100 平方米 ×30 元 / 平方米	3000 元
⑤安全带 10 个 ×100 元 / 个	1000 元
⑥钢丝绳（①12）100 米 ×12 元 / 米	1200 元
2. 运费（郑州—西沃 250 千米）	
6（车）×5 吨 ×250 千米 ×1 元 / 千米	7500 元
3. 搭拆人工费	
485I×40 元 /I	2.0000 元
4. 机械费	3000 元
（三）石窟搬迁费	75,0900 元

1. 人工凿石费	
凿窟顶岩石 448 立方米 ×300 元 / 立方米	13,4400 元
凿窟后及左右两侧	
216 立方米 ×650 元 / 立方米	14.0400 元
凿窟底平硐 40 立方米 ×1300 元 / 立方米	5,2000 元
2. 围岩化学灌浆加固费	
环氧灌浆加固体积 120 立方米	
环氧砂浆加固面积：西区 50 平方米，东区 3.2 平方米	
①材料费	
灌浆环氧树脂 120 立方米 ×6 千克 ×35 元 / 千克	2.5200 元
加固用环氧 53.2 平方米 ×5 千克 ×35 元 / 千克	9310 元
二乙烯三胺 100 千克 ×100 元 / 千克	1.0000 元
糠醛 300 千克 ×80 元 / 千克	2.4000 元
丙酮、乙醇 600 千克 ×15 元 / 千克	9000 元
②灌浆设备、容器、工具等	20000 元
③人工费 200 日 ×45 元 / 日	9000 元
④材料运费 250 千米 ×5 吨 ×1.2 元 / 千米	1500 元
3. 表面雕刻品保护费	
①材料费	
聚乙烯醇缩丁醛 10 千米 ×50 元 / 千米	500 元
乙醇（包括去除用）200 千米 ×15 元 / 千米	3000 元
脱脂纱布	100 元
②工具、容器费	300 元
③人工费 20 日 ×45 元	900 元
4. 分块切割费	
①机械费	8,0000 元
切块吊至岸边 10 台班 ×5000 元 / 台班	5.0000 元
③钢材 2 吨 ×3500 元 / 吨	7000 元
④人工费 300 日 ×40 元 / 日	1,2000 元

5. 运输费（按 200 吨距离 100k）	4.0000 元
①运输 200 吨 ×100 千米 ×2 元 / 千米	4,0000 元
包装费：木材 5 立方米 ×1500 元 / 立方米	7500 元
制箱	5000 元
钢材 1 吨 ×3500 元 / 吨	3500 元
③ 3 吊车装卸费	3.0000 元
（四}雕刻品翻模费	18.4300 元
1. 材料费	
硅橡胶 1200 千克 ×100 元 / 千克	12.0000 元
②正硅酸乙酯 100 千克 ×75 元 / 千克	7500 元
③二月桂酸二丁基锡 60 千克 ×200 元 / 千克	1.2000 元
④石膏 1 吨 ×300 元 / 吨	3000 元
⑤聚醋酸乙烯乳液 80 千克 ×10 元 / 千克	800 元
⑥木材 2 立方米 ×1500 元 / 立方米	3000 元
2. 制木模	2.0000 元
3. 人工费 300 日 ×60 元 / 日	1.8000 元
（五）石窟修复费	61.2480 元
1. C30 钢砼基础费	
①材料费	
425 号水泥 15 吨 ×290 元 / 吨	4350 元
16 螺纹钢 5 吨 ×3500 元 / 吨	17500 元
大砂	
15 立方米 ×80 元 / 立方米	1200 元
石子 30 立方米 ×60 元 / 立方米	1800 元
②机械费	1000 元
③人工费 140 日 ×30 元 / 日	4200 元
2. 料石高台砌筑费	
①材料费	
料石 36 立方米 ×800 元 / 立方米	2.8800 元

毛石 74 立方米 ×150 元/立方米	1.1100 元
425 号水泥 9 吨 ×290 元/立方米	2610 元
大砂 35 立方米 ×80 元/米	2800 元
人工费 330 日 ×30 元/日	9900 元
3. 石窟修复组装、修饰、做旧	10.0000 元
4. 窟外包砌毛石	
①材料费	
毛石 150 立方米 ×150 元/立方米	2.2500 元
425 号水泥 13 吨 ×290 元/吨	3770 元
大砂 50 立方米 ×80 元/立方米	4000 元
②人工费 450 日 ×30 元/日	1.3500 元
5. 仿北魏木构保护房	
150 平方米 ×2500 元/平方米	37.5000 元
防风化封护费	
①材料	
有机硅 50 千克 ×150 元/千克	7500 元
添加剂 10 千克 ×30 元/千克	300 元
机械费	200 元
人工费 10 日 ×45 元/日	450 元
（1）直接费合计	173.3280 元
（2）管理费 （1）×19.61%	33.9890 元
（3）设计费（1）×5%	8.6660 元
（4）不可预见费（1）×8%	13.8660 元
（5）计划利润（1-4）×12%	27.5810 元
（6）税金（1-5）×3.413%	8.7860 元
（7}工程费用总计	266.2160 元

第四章　保护方案专案论证

1. 保护方案论证情况

在考古勘测与近景立体摄影完成后，于 1996 年 5 月初步制订了"搬迁保护方案"，后经广泛征求各方专家意见和对窟区工程环境地质的勘察研究，又于 1996 年 11 月制订了"搬迁保护实施方案"。1996 年 11 月 28 ~ 29 日，在河南省文物管理局的组织主持下，邀请国内文物保护技术、文物考古和地质等学科的知名专家，在新安县召开了"西沃石窟搬迁保护方案论证会"。通过现场考察和对"搬迁保护实施方案"的充分论证，专家们肯定了方案的制订是建立在前期研究的基础上，有可靠的科学依据；搬迁前把洞窟、浮雕、题记等用高分子材料翻模，留下可靠的资料，为复原备用，十分必要；方案提出的分块切割、洞窟分割、块体的运输及石窟复原组装的总体方案合理、基本可行。同时专家们又中肯、切合实际地提出了一些在进行我国首例石窟整体搬迁施工中必须特别注意的技术问题和组织管理问题。

我国首例石窟整体搬迁保护，不但得到国家文物局、省文物局的重视，同时也得到省人民政府的高度重视。1997 年 1 月 14 日，省政府办公厅副主任董豪同志受副省长张世英的委托，主持召开了省长办公会，专题研究西沃石窟搬迁和复原问题。洛阳市政府、省文物局、小浪底移民局、新安县政府及省古建保护研究所、洛阳市文物局、千唐志斋博物馆等单位参加了会议。会议统一了思想，明确了责任，提出了具体要求。强调西沃石窟搬迁和复原为全国首例，且时间紧、难度大、要求高，因此各有关部门、地方和单位必须团结一致，通力协作，共同做好方方面面的工作，确保搬迁和复原工程顺利进行，万无一失。

方案论证会现场

参加论证会的专家到西沃石窟现场考察

与会专家在现场考察

专家现场考察

（左起：李最雄、陆寿麟、王丹华、姜怀英、
黄克忠、陈进良）

2. 专家论证意见

1996 年 11 月 28、29 日河南省文物局组织文物考古、文物保护技术及地质专家在河南洛阳新安县召开了"西沃石窟搬迁保护方案论证会"。

西沃石窟是河南省文物保护单位，具有重要的历史艺术价值。位于新安县正北四十公里的黄河南岸、在国家重点水利工程小浪底水库淹没区，已决定搬迁保护。在河南省古建所和中国地质大学对西沃石窟的地质状况、岩体特征及主要病害调查研究的基础上，根据"文物保护法"的原则要求，提出了"西沃石窟搬迁保护实施方案"经到会专家论证认为：

一、石窟搬迁前期研究：石窟环境地质条件、岩体特性、结构、物理力学性质、病害分析，科学可信，为搬迁方案的制订提供了可靠的科学依据。

二、搬迁前把洞窟、浮雕的雕刻、题记用高分子材料翻模，留下可靠的资料，为复原备用，十分必要。

三、方案提出的摩崖分块切割、洞窟分割、块体的运输及石窟复原组装的总体方案合理，基本可行。

四、建议

鉴于石窟搬迁为我国首例，为确保人身及文物的安全，要制订安全规程，加强安全措施。

在搬迁施工中，尽可能完整地保存雕刻、题记等历史遗迹（包括栈道、漕运等）。

施工前要制定详细、具体的施工方案：在切割前对岩体裂隙考虑灌浆、锚杆、挂网、支撑等加固；分块大小要考虑起吊、运输的承受能力；采用适当保护措施，防止雕刻品在切割、吊装运输过程中受损。要精心施工、加强监理。

搬迁的西沃石窟可安置在新安县千唐志斋博物馆，其复原方案另行设计。

搬迁施工的全过程中，注意记录；保留完整的实测图像、文字资料，达到出版要求，符合档案规范。

3. 专家签名表

"西沃石窟搬迁保护方案"

论证会与会专家签名

姓　名	单　　　位	职　称	签　名
王丹华	中国文物研究所	研 究 员	
黄克忠	中国文物研究所	高　工	
姜怀英	中国文物研究所	高　工	
陆寿麟	故宫博物院	研 究 员	
马家郁	四川省文物考古研究所	研 究 员	
袁金泉	四川省文物考古研究所	副研究员	
李最雄	敦煌研究院	研 究 员	
丁明夷	中国社科院世界宗教研究所	研 究 员	
李智毅	中国地质大学（北京）	教　授	
王逵铮	中国地质大学（武汉）	副 教 授	
安金槐	河南省文物考古研究所	研 究 员	
杨育彬	河南省文物考古研究所	研 究 员	
许顺湛	河南省博物馆	研 究 员	
周　到	河南省石刻艺术馆	副研究员	
刘建洲	河南省石刻艺术馆	副研究员	
万国胜	水利部小浪底枢纽建设管理局、移民局	总　工	
崔炳华	河南省古建研究所	副研究员	

工程篇

第一章　搭建工作架

搬迁工程从 1996 年 9 月 12 日正式开始，承担搬迁施工任务的是偃师市诸葛文物维修队。以下按施工顺序详述工程做法。

由于石窟开凿在近于 90 度的峭壁上，下距黄河水面 10 米，上距岸边公路也近 10 米，要在这样的地方搭建牢固安全的工作架，是相当困难和危险的，好在工人们已有上次勘测时搭建工作架的经历和丰富的搭建施工架的经验。工人们身系安全带，头戴安全帽，用大绳维系在岸上。所用的杉杆，用绳子系着往下放。正好在石窟下方距水面 2 米左右的地方有一些突出的岩石，工人们在上面凿出凹坑，杉杆的下脚放在凹坑中，然后逐渐向上加高，一直达到石窟上方。搭成的工作架高 15 米，长 10 米，工作

搬迁工程搭建工作架

面宽 5 米。这样上宽下窄悬空的架子是极不牢固的，中间不做加固是没有可能搭建起来的，更不要说在上面工作了。工人们巧妙地利用了岩体裂隙，在裂隙中打入钢钎，没有裂隙的地方就打上锚杆，把架杆固定在钢钎和锚杆上。同时在工作架的上部，还用钢筋、铅丝固定在岸边崖壁上。通过十个月的施工考验，证明工作架是牢固可靠的。

工作架细部

第二章　揭去浮雕区顶部以上的岩体

石窟浮雕区上部有大量的岩体和第四纪坡积、崩积层，至岸边的垂直厚度约 6 米，由粉土夹角砾岩、薄层泥云岩夹钙质页岩及中厚层白云岩组成。浮雕区及洞窟所在区域为厚层灰岩。在正式切割劈凿雕刻之前，采用大揭顶的方法，把浮雕区以上的岩体、覆盖层全部凿去，除一号塔顶部位以外，均以编号为 LC1 的裂隙为底界面。从壁面向岩体内开凿深度为 4.5 米，开凿宽度为 10 米。从开挖情况看，所见岩性及岩层与地质报告相符。开挖的方法是：把岩体表面的次生黄土和块石清除掉，用内燃机岩石钻在开挖区域边缘打孔，再用钢钎劈凿。在打孔和劈凿的时候，设专人到浮雕区和洞内观察，看是否对雕刻品产生影响。在通过较长时间观察、确认对雕刻品影响不大时，再继续向下钻孔和劈凿。

以上这些工作，是在切割雕刻和洞窟之前必须进行的，所以这项工作在专家对搬迁方案论证之前就已开始。以下的各项工作，是在方案论证和批准之后，才开始进行的。

第三章　摩崖雕刻与洞窟切割分块设计

　　洞窟的切割分块，是按照有利于雕刻品的保护和施工的可能性两项原则来进行的。从有利于文物保护的原则来讲，雕刻品的分块越大越好，这样可以避免雕刻品在切割时遭受损失；从施工的角度来讲，雕刻品块体距岸边公路中心的水平距离为 12 米，即把吊机安放在岸边公路上，吊机吊臂的旋转半径为 12 米，若使用 35 吨吊机，这时的起吊重量也只有 9 吨左右。再大吨位的吊机，来现场有一定的困难，所以块体的重量就不能过大。块体越大，起吊时的危险性也就越大。另外，尚需考虑雕刻品块体的具体情况。如一号塔的上部，有条编号为 LC1 的层面裂隙，宽度达 3 ~ 4 毫米，若把 1 号塔作为一块来切割，这条裂隙就是一个很大的潜在危险。一号窟与二号窟之间的岩壁只有 15 厘米厚，若在此处将两个洞窟分开，在施工上又是不可能的。而若两个洞窟不再分割，作为一个块体重量又太大，吊机无法工作。在具体进行切割分块设计时，根据以上两个原则，我们又反复研究了李智毅教授建议的分割方案，认为此建议绝大部分是可取的，但实施困难较大，因此我们做了较大的修正，即把西区的雕刻和洞窟分为六块，东区的立佛整体切凿起吊。每块的部位及体量情况见下表及分块图。

分块编号	部位	大小 (m)			块体体积 (m³)	岩石比重 g/cm³	块体重量 (t)	备注
		高	宽	厚				
1	一号塔上部	1.2	1.50	0.8	1.44	2.68	3.74	
2	一号塔下部及二号塔	1.80	1.90	0.6	2.5	2.68	5.33	
3	三号塔上部4号塔浮雕佛龛	1.70	2.90	0.45	2.22	2.68	5.77	
4	三号塔下部及一号窟东部	1.50	1.40	0.70	1.47	2.68	3.82	
5	二号窟大部	1.45	1.10	1.00	1.60	2.68	3.13	除去窟容0.4m³
6	一号窟及二号窟东壁	2.20	2.25	2.10	10.16	2.68	16.00	加钢笼起吊实重17T
7	东区立佛	2.80	1.50	0.90	2.70	2.68	7.00	起吊实重

第四章　雕刻品脱模

由于石窟所处位置特殊，又没有整体切割搬运石窟的经验可供借鉴，为防备在切割、吊运等施工环节中出现失误，使石窟雕刻遭受损毁或掉进黄河里，给以后的复原组装造成无可挽回的损失，所以我们确定在开始切割之前，把石窟所有的雕刻统统进行翻模。这样，即使在施工中有部分雕刻被损坏，也可以根据事先的翻模进行复制和补修。虽说根据照片、实测图也可以进行这一工作，但其准确性要比翻模差很多。在进行施工方案论证时，专家们也肯定了雕刻品脱模的必要性。

1. 脱模材料

根据现今材料科学的发展和文物脱模的实践，我们认为硅橡胶是比较好的材料。硅橡胶，是含有硅成分的特种合成橡胶的总称，它是一个庞大的家族，有多种型号，我们选用的是化工部成都有机硅研究中心生产的 GM X 系列室温硫化硅橡胶，牌号为 GMX35# 及 GMX506 号两种。本品是一类双组分室温硫化液体硅橡胶。在硫化前，它是流动性较好的液体胶料，在胶料中加入适当比例的交联剂、硫化剂，混匀后在室温下即可硫化（固化）成弹性体。这种弹性体能在 –60℃ ~ 250℃ 范围内保持弹性长期使用。由于它具有良好的流动性和几乎不与所有的材料相黏合的特性，所以它能真实地复印下所要复制的纹饰。目前，精细铜器、石雕等需脱模复制的文物，大多采用硅橡胶脱模。

2. 石窟雕刻表面的保护

在一般情况下，用硅橡胶脱模，复制对象的表面只要清洗干净就行，不需要特别的保护。但对于西沃石窟的雕刻来说，因石窟周围有几百座烧制硫黄的土窑炉，故空气中弥漫着大量的二氧化硫气体，它能与空气中的水分结合成亚硫酸，并进一步氧化为硫酸。亚硫酸与硫酸都能与雕刻品所依附的灰岩（主要成分为 $CaCO_3$）起化学反应，生成硫酸钙（$CaSO_4$），从对石窟区岩石表层所取样品的分析结果来看，与上面理论分析是一致的。另外，由于同样的原因，石窟雕刻表面也会沉积些单体硫或别的硫化物。硅橡胶固化的催化剂是二月桂酸二丁基锡，它遇到 SO_2 或硫化物会生成硫化锡（SnS），硫化锡为黑色。我们在现场做小范围脱模试验时，当硅橡胶模脱下后，石雕表面的颜色就发生较明显的变化。这样就要求我们在脱模时，对雕刻表面进行保护。不然，脱模后石窟雕刻的颜色就会变为褐色，这是绝对不允许的。

脱模前做准备

我们对雕刻表面的保护是采用涂刷能形成薄膜的有机材料的方法。可供选择的有机材料很多，我们选择的原则是：成膜性要好，最好无色，要对岩石无腐蚀作用，便于操作，便于去除，即使有少量去除不掉，其老化产物也不致损伤岩石。经过试验对比，我们最后选用了水溶性的聚乙烯醇。这种材料可以较好地满足以上要求。具体操作方法是：用热水溶解聚乙烯醇，制成5%左右的胶液（如要加快溶解过程，可用水浴加热），然后用棕刷涂刷在经过认真清洗的雕刻表面，水分蒸发后，使之形成一层致密的透明薄膜。为保证形成良好的膜，可以反复涂刷2～3遍，但要注意涂刷时避免出现气泡，因气泡多了会使脱下的模失真。从实践结果来看，用聚乙烯醇薄膜保护雕刻品表面是成功的。脱模后，雕刻岩石表面无任何变化。由于聚乙烯醇的耐候性能较差，石窟切块在室外存放8个月之后（从1997年7月至1998年2月。若从最初涂刷在雕刻上的时间算起，则是1997年3月至1998年2月，刚好一年时间），经过风吹、日晒、雨淋，聚乙烯醇薄膜大多已经龟裂卷曲，用手就能较容易的将其撕下。在石窟复原后，用毛刷蘸水清洗，绝大部分薄膜都可以洗下，即使有些残留，也不会对雕刻形成损伤，若再经过一段时间，它将会全部自动脱落。

3. 脱模做法

根据厂家提供的GMX系列硅橡胶硫化配方，现场配制硅橡胶。一次配量一般掌握在2～3千克，量不可过大，否则，涂刷不完，硅橡胶开始固化，超过一定程度就不好操作了。配好的胶料，几个人同时分头用油漆刷向雕刻品表面涂刷，这是最简单的脱模方法。胶料与交联剂、硫化剂混合后，硫化（固化）反应就开始进行。硫化速度随交联剂、硫化剂的加入量而变化。增大交联剂的比例，硫化速度略加快，硫化胶的硬度和强度加大。增大硫化剂的比例，将使混合物料硫化速度明显加速。我们采用厂家推荐的标准配方，固化后的硅橡胶性能，完全可以达到要求。在通常条件下，混合物料的指触干燥（表面消黏）时间约2～4小时，经24小时后可达到基本硫化。按照分块设计，在每块均匀地涂刷完一次胶料后，在未指触干燥前，我们向胶层铺刷脱脂纱布一层，然后再涂胶料。这样总共涂刷4～5层胶料、2～3层纱布，使胶料层厚度达1～2厘米。涂刷纱布层的目的有二：一是降低硅橡胶的伸长率，使翻制出的复制品更忠实于原件；二是可减少胶料用量，降低成本。

经24小时以上时间，硅橡胶基本硫化后，就可把它从雕刻上揭下，这时它就成了复制雕刻的模具。

我们脱模的目的，是要留下可靠的资料，以便在施工中损坏雕刻时可以利用所翻模具再忠实地复制雕刻，使石窟不致因某部分的缺损而影响整体形象，所以不希望使我们的模具派上用场。但我们还是十分认真地去进行这项工作的，以防万一。现在我们完全可以使用这套模具，复制出一个西沃石窟。

硅橡胶脱模

第五章　石窟块体的切割与加固

石窟雕刻所依附的岩体与山体是连在一起的。岩体与山体的分离，工程量浩大，现代虽有不少先进的凿岩机具和劈岩技术，但在这里大多无用武之地。道理很简单，就是必须保证雕刻岩体的完整性，尤其是表层，不能有丝毫的损伤。我们采用的方法是原始加机械化的劈山法，即在留足雕刻品所依附的岩体厚度之后，用内燃机凿岩机，压缩空气凿岩机在母岩上打排孔，然后用人工打钢钎的方法把岩石劈开。这种方式虽然粗笨，但能够保证雕刻岩体的安全和完整。从施工实践来看，在雕刻岩体上没有发现新的裂隙和使老裂隙发展。相对来讲，雕刻岩体与母岩的分离，虽然工程量很大，进展很缓慢，但施工难度却不算大。难度最大的是雕刻岩体之间的分离，如三号块体与二号、四号和六号块体的分离，在设计的分割线上尽量避免有雕刻，但因岩体表面雕刻实在密集，仍然无法完全避开雕刻。如果不解决切割分离工具问题，就不可能保证不损坏雕刻。我们走访了不少采石场、石料加工场和类似割石的作业单位，终于发现一种较适合于我们使用的切割岩石的工具（见照片），它没有正式的名字，我们就叫它活动式岩石切割机。它长4米余，合金钢切割锯片直径1米，动力为一台7.5千瓦的马达，可以切割的厚度为0.4米，切割缝宽只有8毫米，这完全可以满足我们的使用要求。现在我们可以这样说：这次整体搬迁石窟的成功，在很大程度上是得力于这台活动式岩石切割机。

活动式岩石切割机本来的功能只是切割垂直缝，如二号块体与三号块体之间，四号块体与六号块体之间，六号块体与五号块体之间的垂直分割缝，都切割得十分成功。但三号块体与四号和六号块体之间的水平切割就非常困难。经过我们的研究改进、使之也比较好地适用于水平缝的切割。

石窟工地正在铺设架板，建立施工平台

打钎劈石（一）

打钎劈石（二）

打钎劈石（三）

风钻打孔（一）

风钻打孔（二）

风钻打孔（三） 风钻打孔（四）

开劈四号块体

分块切割、缝小且直

　　最底层雕刻块体与母岩的分离，按照最初的方案设计，是在块体左右与母岩分离前，在底部打洞，支垫牢固后，再劈凿左右岩体。经施工实践，这种方法是不可取的，原因是在底部打洞，施工困难，进展缓慢。我们的做法是块体四周都与母岩剥离后，在块体底部用电动凿岩机水平凿四排孔，左右、上下孔距不足10厘米，使岩体呈蜂窝状，然后用钢钎再把余下的岩石凿掉，这时要用石块把块体支垫稳固。这样施工，比在底部打洞既快又安全。东区立佛，西区的四号、六号等块体都是用这种方法施工的。

一号和二号窟即将与母岩分离

切割分离后的雕刻块体，因存在层面裂隙、卸荷裂隙及方解石脉等严重病害，使得它们整体性很差，起吊、运输都潜在极大的危险性。因此，必须对它们进行补强加固。补强加固的方式方法有多种，在这里我们采用的方法有两种：即锚杆加固与环氧水泥加固。这两种方法基本都是同时应用，如东区的立佛，它身上除了几条较大的层面裂隙外，其他张开裂隙布满全身，我们用电动凿岩机在立佛块体两侧，垂直于层面裂隙打孔二个，基本贯通块体，穿入螺纹钢，并以环氧树脂把钻孔灌牢。还在侧面和底部垂直于较大的裂隙斜向打了三根锚杆。这样加固后，虽把大块危石都进行了加固，但仍有很多被细小裂隙切割的岩块处于不稳定状态，于是又用环氧水泥在块体背后及两侧进行填充涂抹加固，环氧水泥的厚度一般为12厘米。环氧水泥即用环氧树脂调制的水泥浆。它的调制方法与配制环氧树脂黏结剂一样，只是在调制好环氧黏结剂后，可适当加入30%左右的稀释剂（丙酮、环氧氯丙烷等），然后加入适量的水泥调和均匀。

三号块体的加固，是从块体的左侧，平行于前雕刻面打锚杆两根，以防在块体平放时断裂。六号块体，即一号洞窟块体的加固，也是采用两种方法相结合进行的。锚杆是由前壁向里穿，共打有四根。在块体的后部，有一条很大的与壁面平行的层面裂隙，在洞窟内后壁右下方已显露出来，为了加固这条裂隙，从块体后部又用小型钻机打孔，共打了20余根小型锚杆。并用环氧水泥填充涂抹加固。

四号块体即将与母岩分离

凿岩机在一号窟底打孔

用内燃机钻打孔（一）

用内燃机钻打孔（二）

西区工作现场

东区工作现场（一）

东区工作现场（二）

用大型切割机切割（一）

用大型切割机切割（二）

用大型切割机切割（三）

其他几个块体，也都根据裂隙情况进行了锚杆加固。从块体的起吊、运输，到最后完成复原组装，七个块体都没有发生断裂及掉块现象，这说明我们采取的加固措施是得力有效和安全的。

第六章　石窟雕刻块体的起吊

利用现代吊装起重机械，对几百吨、甚至上千吨的物体升高、移位、安装，已不是什么难题。石窟雕刻块体的最大重量不超过 20 吨，把它从 10 米以下的河岸边吊到岸边公路上，应该说也不成问题。但这些块体不同于一般现代物体，这是 1460 年前在古生界奥陶系中统马家沟组的碳酸盐岩体上雕刻的艺术品。岩体裂隙纵横交错，其下部又面临深不可测的滔滔黄河，起吊只许成功，一旦失误，将无以弥补，虽说可以用硅橡胶模复制，然而毕竟不是文物真品！全国首例石窟整体搬迁保护也就以失败告终！所以在起吊之前，我们与起吊工程师在现场又进行了充分的考察论证，测量了块体距岸上的高度、距离，每个块体的重量、裂隙情况、加固情况都作了详细地测量分析，最后才确定了起吊方案，根据以上情况，我们认为六号块体和东区的立佛块体，是这次起吊的难点和重点。东区立佛块体只有 7 吨左右，但其距岸边公路中心的水平距离达 17 米，用一台 35 吨吊机根本无法吊起。再大吨位的吊机来现场要经过山区的道路有相当的困难。最好用二台 35 吨的吊机协同起吊，这样才能保证安全。

西区的六个块体中，除六号外，其余五个块体的起吊都没有太大的危险。六号块体的起吊危险有两个，一是其距岸边公路中心的水平距离长达 12 米，本身重量为 16 吨余，一台 35 吨吊机也无法吊起。因此，我们决定，同时来两台 35 吨吊机，把六号块体和东区立佛都可以吊上岸来；二是六号块体是 1 号洞窟的完整窟，中间为一个大空腔，若起吊时用钢丝绳直接绑着块体，绳子对窟体的压力将是很大的。一旦空腔被压碎，那将彻底失败。为了抵住起吊钢绳对腔体的压力，在论证会时，专家们提出了多种加固措施，有在窟内采用钢架支撑法，有采用现浇混凝土壳支撑法等。我们认为这些方法都可采用，但都不很理想，操作起来都有相当的难度。在实际施工中，我们采用现场焊制钢笼法，即用 210×80×6 毫米的槽钢，按块体的大小，现场焊制成立方体状的钢笼，共用 12 根槽钢。这样就把块体装入钢笼内，起吊的钢丝绳绑在槽钢上，这样起吊，钢丝绳和槽钢都不会对空腔块体产生压力。通过起吊，装车运输和复原组装等几道工序的考验，证明我们的这种设计和做法是十分科学、安全和方便的。这里应特别强调的是，焊制钢笼的槽钢要具有与块体重量相当的规格，这样焊制的钢笼才能有足够的强度；二是焊接质量必须保证，来不得半点马虎。

石窟块体即将吊至岸上

按照我们的施工程序安排，1997年6月25日是最后起吊的日期，省文物局、省古建所、洛阳市政府、市文物局、县政府、县文化局、文管所等有关单位的领导，都来到施工现场，检查指导起吊工作，同时也是给工程技术人员以精神上的鼓励与支持。担任起吊任务的解放军二炮五工程部的两台35吨吊机也来到了现场，周围村庄赶来观看的群众达数百人。由于我们准备工作的充分，西区的块体都安全稳妥地吊到了岸上，尤其是当六号块体吊上岸后，所有在场的人都松了口气。当我们把两台吊机安放在东区立佛的岸边时，围观的群众开始起哄、阻挡我们施工，目的是要求领导同意把石窟留在西沃乡境内，不要迁往别处。石窟的迁移地址是经省人民政府批准了的，临时变更，根本不可能。县和乡政府的领导出面做群众的工作也不行，就这样一直僵持到深夜，运雕刻块体的汽车也被扣留在乡政府，直到 7 月 6 日才得到解决。我们用两台吊机起吊立佛的计划落空了。经过 6 月 25 日的运行，起吊工程师认为 50 吨吊车可以来到现场。在 7 月 8 日起吊立佛时，就用了一台 50 吨的大吊机。7 吨重的立佛也很安全地吊上岸来了。

一号块体起吊

二号块体起吊

石窟块体正在起吊中（一）

石窟块体正在起吊中（二）

准备起吊一号窟块体（一）

准备起吊一号窟块体（二）

起吊一号窟块体至岸上（一）

起吊一号窟块体至岸上（二）

准备起吊大立佛（一）   准备起吊大立佛（二）

第七章　雕刻块体的运输

　　石窟雕刻块体的运输较其他工序要容易一些。原计划在运输车辆底部垫上沙子，把块体装上车后，再用沙子把它埋起来。这样块体在运输途中就会相当安全。在实际运输中，我们用碎石粉垫在车底上，然后装上块体，再用石块或木料把它支垫稳定，较高的块体再用大绳绑缚牢固，块体周围不再用石粉充填，但必须使车辆满载，

　　运行中尽量慢行，不使车辆震颠。结果七个块体都安全完整地运到新组装地点。

把二号块体装车

132

把一号窟块体装车

把大立佛石刻造像装上车

第八章 石窟复原组装

经专家论证确定的复原地点在新安县铁门镇千唐志斋博物馆院内。因为石窟块体较大，无法通过千唐志斋博物馆的大门，当地部门又担心拆除一段围墙不会恢复到九十年代的水平，在很大程度上就破坏了千唐志斋的风貌。省文物局的领导多次做工作也无法解决。后来在县政府的努力下，又在博物馆东北隅张钫先生墓园东侧征得一个小院，石窟就复原在这里。然而这时已经距块体运到的时间七个多月了。

复原工程从 1998 年 2 月 17 日开始，到 3 月 29 日完成，共用了 41 天时间。工作程序可分为以下几步：

1. 基础处理

在确定了复原组装地点后，开始按设计进行基础处理。最下层为 10.5 米 ×3.5 米 ×0.4 米的砼，其上是 0.7 米高的毛石，这高度即为保护房室内地平，最上层为 9.95 米 ×2.90 米 ×0.62 米的料石台基，台基之上复原组装石窟。因考虑复原石窟原来所处的面临黄河的环境，所以在砌筑料石基台时，预制了七根水泥挑梁，意在营造石窟下有栈道，面对黄河的气氛。

一号窟就位

二号窟就位

四号、五号、六号块体就位

2. 石窟雕刻块体复原组装

根据复原地点的环境，向北几十米即为陇海铁路及千唐志斋博物馆院落布局，复原石窟的朝向不可能与原来相一致，所以只好使其面向南方。

整个石窟的核心是一号窟，即编号为六号块体。复原组装也是如此，先把六号块体按切割起吊前在块体上作的方位标记归位，再把起吊时焊制钢笼切割掉，然后组装五号和四号块体，再依次组装三号、二号和一号块体。块体之间的切割缝，用环氧水泥封牢，表面凿平。东区的立佛，原距西区雕刻20米，这次复原，将其立在浮雕的西侧，以便于在一个保护房内保护。

七个块体组装就位后进行细部工作（一）

七个块体组装就位后进行细部工作（二）

3. 块体背部包砌

雕刻块体组装后，石窟正面的雕刻部位基本恢复原貌，但背后却是极不协调的，也是不稳固的，我们用毛石将背部、顶部和左右两侧包砌，这样各个块体就成为一个整体，同时其外形也成为一个自然的小山头状，增强了复原效果。立佛顶部原来即为平台，所以现在仍保持原状。

4. 清理雕刻表面

这项工作包括两个方面，一是把雕刻表面的残留聚乙烯醇和灰尘污物清洗掉，二是将新砌的正面部分做旧，使新老岩石的色调基本协调，既能区分，反差又不致过大。至此，从1995年4月开始对西沃石窟进行调查，经过考古勘测、近景立体摄影测绘、窟区工程环境地质勘察研究、搬迁保护方案的制订与论证、现场石刻切割、起吊运输，

进行石刻表面细部整修工作

138

到 1998 年 3 月 29 日最后完成复原组装，前后经过整整三年时间，如再加上后来保护房的建设，就达到了三年六个月时间。我国首例石窟整体搬迁保护工程，按原来的设想和有关领导及专家的要求，终于比较圆满地完成了。在新址复原组装后的西沃石窟，正面宽 9.95 米，高 4.90 米，厚 2.90 米，1460 余年来保存下来的二个洞窟，四座佛塔，50 个屋形龛，51 个塔形龛，全部 278 尊大小雕像和一身 1.98 米高的立佛，基本与原来没有任何差别地保存下来。今后的研究者和参观者再也不需冒什么风险就可一览无余地统观石窟全貌及石雕艺术的细部工艺了。保护房的修建，也可使雕刻再不受自然风雨和人为刻画的侵害，这样一来，对加强石窟的长久保护与利用。延年益寿当是没有太大的问题了。

5. 石窟复原效果

西沃石窟整体复原效果

石窟西区浮雕复原效果

摩崖石雕立佛复原效果

一号窟正壁造像复原效果

一号窟东壁造像复原效果

一号窟西壁造像复原效果

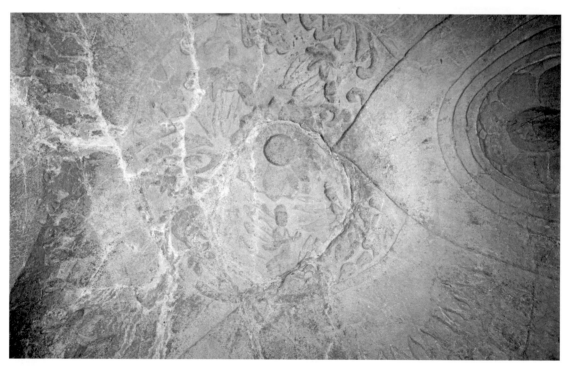

一号窟顶部飞天石刻复原效果

一号窟门东侧牛鼻形孔与
北魏题记复原效果（一）

一号窟门东侧牛鼻形孔与
北魏题记复原效果（二）

一号窟门东颊题记复原效果

二号窟正立面图修复效果

二号窟东壁（供养人）修复效果

二号窟西壁碑刻修复效果

西沃石窟复原后整体外观建筑

资料篇

第一章　西沃石窟搬迁工程日志

记 日志要求

1. 坚持每天记工地日志.

2. 日志包括以下内容：

   ① 每日工程进度、工地发生的大事、施工中遇到的情况和出现的问题，以及解决的办法.

   ② 工地人员的有关情况.

   ③ 上级及外来人员情况.

3. 所知来工地人员.

4. 其它重要情况

1957年2月24日   星期一   阴.有雾气小雨.

今天由冯银林开车，陈世良、李甲翔、李银忠芝四人来到之地。工地处有四人看守。二程基本无也展。春节期间工人之人监护死工地看守。当地派岛所也经举来之地巡查，期间无出现任何不安全情况.

下午三时四人在工地察看后，来到住处，收拾住房，伙房。到街上察看，据庄大多已在抓房，有不少住户已搬迁完毕，街上还有几家小商店营业，但已无饭店经营，晚上四人自敖自吃，晚饭后研究今收的之件。

今收收集力：

陈世良. 李中翔. 李银忠. 冯银林.

1997年2月25日　星期二　　　　方爱民　能石阳79

昨天毕时来第隔煤材料。出生用品也缺不少。陆士民书
沿检林回新接到。朱志翔，朱银忠留守。

下午3时申回郑至洛州。4时开始去市医药公司料药品又接到
一些生活用品。26日上午9时从洛出发，又沿陵接到路署生活
生用品苦车守全，晚6点40分到达石窟。

今天是全国人民敬爱的邓小平同志的追悼大会。起回郑
的途中收听了追悼会实况转播。

晚上班师，来之所级子。

工程队刘和今天串工地，当天追回。

今日留协：
许士民刘沿检林，朱中翔，朱银忠。

1997年2月26日 星期三 大雾、阴、小雨 农历2月20

今天9时本人随汽发，一路疾驶约1小时。在级水买小菜之/时，
小菜10斤。下午1:30以宏强厂出发事西行，晚6:40到达
工地，施工约工人6名。(以口又事二人)。

晚上到工地，工人有的住在工棚，有的人在中部头住处。

今后工力数：

陈进良、冯珍林、束中刚、李银志

1997年2月27日　星期四　　张小雷　　农历2月21

今天我所下的比较早，先去去工地取名称，二人都花工棚里。取回名称后……而荐。从那天晚上我开始打电……冯柏林去银迟二人冒着中途还有水，回来又继续配药、做饭。

日子在忙乱和敏……过去。南方慢慢报不正常，于上也无节目人，看未今后也给今天晚苦。幸运自带为小省电机，又头回由乾宅外大戏。改正正发调队，今成可望看引电说节目。

过去几天的……看，回忆，工工时……的……和……说用品，可能有一些已被当地老乡……走。今后也似加强安全意识，好到……意内户，争取今后不再发生丢到东西。

下午5时……宠物华联系，回报运上的一些情况。在说下电期的……开始4度考评、我宅如何考评，待下星期一再说。

今出勤功：陈建良，李中锅，李银实，冯柏林。

97年2月28日　星期五　　　阴，小雨　农历正月22日

陈世良志工地安排调整架子和刷层，清扫石窟雕刻，以便
翻制橡胶模。

　　工程队仍在继续灌模石，但进度缓慢。

　　下午大家洗被单、被罩等。

　　道里民、中桃用功学习毛选。

五月份工地出勤力：

　　陈世良　　　　五天、

　　李中桃　　　　五天、　　　　陈世良记。

　　冯银林　　　　五天、

　　李根生　　　　五天、

今日领班：

　　陈世良、李中桃、黄根生、冯银林。

1991年3月1日　星期五　晴 有云　食为3月2日

上午冷卻未干，于银生进号以凝化之，中棚在家看内，迅仅到ZEC做试验。在石雕号中用二种保护剂涂剂了几层，以便比较决定较用哪一种。

聚乙烯醇溶液于丙金乙醇溶液。

聚乙烯醇水溶液。

从动手看，聚乙烯醇液干后是车无色，滴丁醛色较重，故决定用聚乙烯醇水液涂剂雕刻表石，以保护雕刻品在翻模时不易残损取直接上胶。

今天下午，张家太乡长、强运居书记、吕学峰、赵刚、四人，坐车非走汽车，由新里铁匀干庄志伟畅领来西沃花石窟处剥量了一些尺寸，以便经计度草店的保护房时使用。

所氏苦知三八妇女节时，所里准备组织全所凡没有来过西沃河用志一块来参观游览，约5—6里时辰在决定日定来，到时还知，以便作好接待。

李银生、冯和林二人下午午时由县城返回。

今日资助：陈世良、李银生、吴中珊、冯和书。

1997年3月2日　星期日　　　晴　　农历正月24日

　　大佛石窟雕刻品表面涂刷聚乙烯醇水溶液二遍，防腐渗收良好，基本无色。

　　下午巩收场录相。

　　陪进良午到河此论谈买黄河石事，有一专业村民，常到外检奇石，一与洛阳当地的奇石收藏者有联系联系。听说其中有不少从黄河冲捡拿的花石，其中不乏稗品。初步商量，我们不专买他们奇石，买的就是一般黄河石，把此5吨汽车的载量，把石变运，一块寺石运南关，计壹仟4元整。

　　还一段时间，去中朝们志学毛送入3连，除白天学习外，祖晚还学到深夜。

　　下午通知中翔，明天上午开始悦硅橡胶膜，今天应把此器物试批窗奇全。

　　全天花岗，陪进良，李银本，浮新林，朱中翔。

1997年3月3日 星期一 晴 距开工25日

今天上午11时半，方必珂配硅橡胶胶2号，开始在搭叠部位作试验。试验较为顺利，但存在一些小问题：到开始涂刷（抹）时凝固较快时，平台手就不好涂抹），硅橡胶已开始固化。出现此问题的原因很明显，就是配药量大，涂刷太慢。若同样分包加药粉，让两人或几个人同时涂刷，就不会出现这样的问题。

今天出勤：陈世良、珍必珂、方中朝、方根老

1993年3月4日　　星期二　　晴—好天　　农历二月26日

上午检查昨天清剥的情况，药物已完全固化。揭下来较为容易。在有聚乙烯薄膜的地方，揭下石块后岩石不受任何变化；在未涂聚乙烯薄膜的地方揭下石块后，岩石表面仍要补理。这说明我们用的聚乙烯薄膜的确好，应起到保护剥制品表面的作用。

今天卸药的工具已撤回收场。由李中删记苗，其它王龙二人同时清剥，进度很是顺利。

以上这些过程都进行了采样。

今天下午与县委已联系，好决定3月7日来西沃参观，大约30—40人。我们打算收完即店附近买食的饭料，以解决中午的吃饭问题。

同时电脑二人加固施工架，焊接安全网。

晚上停电，无发动发电机时，拉闸不能收回，故未发成电，修理了好长一段时间，也无结果。

今日劳动：冯钢林 李生翔　陈也良 王银长

1997年3月5日 星期三　晴　　　　农历正月27日

近一两时间天气很好，无倒数了，是田野之外的大好时光。

今天长工地数年，我又洋刷两遍。连东之呼了经看。无破橡胶样信工，换了一层脱脂纱布。目的和于限制石橡胶模的伸缩吧，同时有节省用药。此纱布大限不太好找。

除是，海海林二人去洛阳购物。同时约之二程以以发，安排加份赶快比加工人，以保证在表收前，完成迁至改场的计划。又与工程改设了起吊时，用壁钢板填其半龙子的办法。我们认为这办法一是会容更比寸。工程以还在就察，以后孩场进一步研究。

撞花书记通知，叫我迁须回乡，乡知平度考评。我们快定好天由东甲翔里持石改场工作。路我去，银东，海世良回乡。

发由抛仍没修好，只好带回郑州修理。

今日参场：海海林，东甲翔，东银东，海世良。

1997年5月15日　星期四　　　　农历正月二十八日

今上午李银志、冯钢林、陈进良回郑州参加印上平总表彰。李中翔坚持死亡地翻模。

晚上新电又省市查书林统陈世良家打电话，论今天张汉超、董书林来工地，亦巧他们回家了。董这论：书向张局告查给他们2万元科助。年底已给了地段1.5万元。下半丈千元看什么时候付。陈世良回告说这必请示局长。

1997年3月7日 星期五　　晴　农历正月二十日。

李中朝 给侯涂刷硅橡胶，也很顺利。506# 硅橡胶
已把 50A组份用完。还剩一桶506#. 接着用351#.

冯柏林、陈世良回郑修电机。结果不很自好。又买了几
样零件。

今日出勤：李中朝。

1997年3月8日　星期六　　多云　农历正月卅日

　　今天陈世良、朱银忠、冯柏林三人来西沃。下午5:20到工地。李中朝仍在工地指挥涂环氧树脂胶。今天又处第二层纱布。351#环氧树脂胶也只剩下一桶(30kg)。但辅料还差不少。看来已发货时未配好比例。

　　工程队有一名工人回家，迈和廷快加上工人。

　　今天洛阳日报社有记者来现场拍照。

　　今日参加人员：李中朝、朱银忠、冯柏林、陈世良。

1997年3月30日　星期日　　　　　农历：二月廿二日

今天上午8时，冯柏林开车去石井帮施工队买菜，同时买回几把棕刷和灰刀。

506#硅橡胶还料一桶，已无50A可配。决定把351#用完。上午到工地把东边主佛硅模揭掉，揭的很顺利。之后装上车运回郑州。下午2人继续涂刷351#。陈世良发现2人在称量辅料时使用天平，但砝码放在左盘，被称物放在右盘。2人说这是李工（李中翔）教这样称的。这几天一直是这样称。这种把砝码最基本的称量技术也不掌握，实在是个大笑话。怪不得刷料时有比例偏的货，有的剩余，有的确不均。主要辅料的配比有一定的浮动范围。否则怕可酿出地子事故！经现场纠正后，配料2人经过反复较量，也认识到砝码放错，确实不对。下午已把351#硅橡胶全部涂完。

主佛去掉硅构胶模后，石刻表面未有任何变化，说明已涂的保护膜是成功的。但保护膜深的不均匀，可能是药配浓度太大所致。

○气去后没有保护膜处，岩石变黑。

下午1:30，冯柏林、李中翔回郑。冯柏林开的车12号是大平桥。

回郑时，把主佛模拉回郑州。

今天到场：李中翔、冯柏林、陈世良、吉银忠，四人。

△注：天平称量原来一直没错，是这后来2人倒方向一时弄错，使用了李工方法则作了较好。506#等天平桶，是506A配的不过，这开始配比是等限而编高。后来及时作了刷比调整。对351�料按方则刷给起最多等限一倍。　　李中翔97.4.20

1992年3月10日. 星期一   阴雾. 农历2月2日.

今天上午. 西区洞窟及一号塔的硅橡胶模脱去. 一号塔模报以成功. 二号窟模也相当成功. 一号窟模总体都较好. 但硅橡胶已用完. 也无原材料. 将来若要用时. 可能比较费了. 下午把浮雕区加模也脱掉. 效果很好. 脱下的模全部租车拉回住地.

另外. 下午与河北芭蕉村的老乡谈妥. 捡一车(50吨左右)送往郑州. 全部款项为1800元. 运九天内送往郑内.

工程队到河带了二名石匠来工地.

今日帮助: 陈世良. 丰银忠 二人.

1997年3月11日 星期二 阴·小雨 农历2月初3.

今天阴雨蒙蒙、但始终没有下大. 工人们在清除翻模后留在石雕上的硅橡胶1模周边的残留和浇制时溢出粘在崖面上的硅橡胶.

今天与工程队刘和队长商定的施工方案:

⊙ 先把浮雕部分的岩体打两个孔, 用钢筋牢拉把后面岩上, 防止发生意外.

⊜ 向下继续挖掘.

⊛ 崖上雕刻及二个洞窟. 初定, 它的分为元大块切割. 争取一号洞整体世吊. 以从根挖开挖后看清岩石结构后再定.

全由刘和回话, 拟几天内再增加几名技工.

今日出勤. 陈世良. 方银忠 二人.

1997年3月12日　星期三　　阴有时小雨

　　上午有霎细雨，二人继续清除硅橡胶痕迹，在龛前二人花岗石，用内燃钻打孔。

　　下午因趁不下雨的空陈引之地检查了发电机，经发动实验，没啥毛病，可随时投入使用。

　　有一龛二人在修业塔形龛上部围岩的边缘，使其平整，决定在修整后，先用冲击电钻从崖壁向内侧打透孔，东西两头各打一个，穿上钢筋或钢绞绳，固定在后边的母岩上。在母岩上用内燃钻打两个大孔，深度不大于50cm，插入粗大钢筋，并用快干水泥把钻孔连钢筋固定，类似锚杆，钢绞绳或钢筋就固定其上，两起筋事绞紧，这样作是为防止在向下凿围岩时，前链岩体下滑，造成无法挽回的损失。

　　今日协助：陈进良，李银忠二人。

1997年3月13日 星期四　　阴.雨. 农历正月初五.

雨基本下了一整天.时大时小.未去工地.估计工人也无法干活.

下午.5.3吆左右.冯复林.靳学军.梁淑政.张换.都到达西沃工地.

今日出勤:陈进良.李银忠.冯和林.甄学军

1997年3月14日　星期五　　　阴天.

　　早9时.陈世良.文林.淑华.勇及沁财务科梁淑贞以资到砸现场.拍照.陈世化向财务科二位同仁介绍西沃石窟的历史;们简等色.

　　2人师傅们继续揭顶.修凿一号塔心背面.准备打眼固定.以防一号塔施工中下滑.出现意外.

　　于上午10时 陈世化.冯文林、梁淑贞.修资一同返郑.剩王子军.李银志.继续坚守工地.

　　参加各协: 李银志. 郭子军 冯韵林. 陈世良

1997年3月15日　星期六　　　晴间多云

记录：龚方皋　陈平

　　今日工地继续开凿，在塔刹部开出一道沟，剩下台部描取，同时加快之开凿进度。上午11.40号，由我所马化东、陈平、朱此生、以及北大、求裕群一行四人到达西沃工地。

　　下午3时，传高素、朱此生、边郑、陈平及求、到任工地，行绘图工作！

　　陈平在郑州购菜肉帐细：　　　　　　另有

荠菜　18斤　　　　　9元　　　　　　　　酱油一斤半。计15元

元白菜　9斤　　　　⑴5元

青菜　12斤　　3.6元

黄瓜　9斤×1.8　　16.2元　　　　　　　38.8

蒜苗　　2棚　　　5元

排骨　8.7⑧斤。6.8元/斤　　　　50元

因没找到工地菜单，暂记工地日记上。

这是帐已了
98.6.10.下午3时
陈
合计 128.8元
(这是顶的菜)

陈平

　　下午求裕群测绘车立佛，完成立面侧面图。

今回勘测：龚方皋　朱银志　陈平

1997年3月16日 星期日　　　　晴 间多云

记录：陈庚

陈庚、朱裕群 测图。

甄刚羊、朱绍忠 迁溪2地 8时2班。

上午，朱裕群 测1号窟，完成平剖图、

三壁立面图。

下午测2号洞窟，完成平面图、三壁立面

其过及飞壁正视图。并构1号窟顶部

仰视图，未完。

工人们继续打钎，送石。

今日出勤：甄刚羊 朱绍忠 陈庚

1997年 3月 17日　　　星期一　　　　晴.

　记录：陈库

　许俊群　陈库　继续则图

　工人们用电动冲击钻打眼，向下

基石。

　下午，冯复林来。带来大卷寺校纸。

　　　　　　　　　　　　　　　　　　　　　　　2.5瓶 98.6.10晴.

　上午购 双敬地酒一瓶。

　　上午构1窑门外正视图。

　　下午则绘1号塔、2号塔正视图。

　　因冯来，工地较冷，租用黄河旅社

考别家322的子。

　　　　　　　　　　　　　　　　　　　　　　　　　　　　　　　　　　　　　　

出勤：陈库　许纪忠、甄学军、冯复林

1997年3月18日　　　　星期二　　阴、有风

记录：陈庠。

于裕群、陈庠 继续测图。

今日测 摩崖立面。

上午测2号塔及立面结构。

下午构画、塔龛（部份）细部。

冯复林、于起忠、甄学革 上午去西沃乡
邮址 取电话费发票。

开了四个5十条，号码写错，同去后向所
计财科解释一下。

工人们继续打钻萤石。二人打钻，四人煮石。
桥头有人做饭，据说过几天要增加至18人。

今日有一特殊情况。我们驻地停电。查找原因无
结果。（是个西沃村柳有电。）　　是拉电之断电？

出勤：陈庠 于起忠　冯复林 甄学革

1997年3月19日　　星期三　　晴

记录：陈平、甄学军

上午，朱裕群、陈平继续测图。

今天收尾。

中午12.30分回到驻地。

午饭后1：45分。

预计2.00钟出发，快到工地

测图，预计4.00钟离开石窟。

冯夏林、陈平、朱银忠、等四人

回到。

甄学军一人留守。

工人们砌石、凿石、7人上工。

下午约1点30分左右，刘沪带4工人到达工地。观看开凿

情况。帐篷用空气压气开凿。加快开凿速度。

还：陈平、方银忠、冯夏林食郑。

断电原因单之方银忠已问明。是用我们欠几十元电费，

电表坏了，西沃村没有买电表处。无法购买，请当地电工解

解决，至今无结果。因无电。吃晚饭到乡电泵处提出，给

带电话费末缴大麻烦和不便！

出劳力：陈平、冯夏林、朱银忠、甄学军

今晚甄学军一人住工地。

1997年3月20日. 星期四. 晴.

　　今天石窟立佛开始开凿，从立佛两侧用电钻打下排眼，后用钢錾将石头与石崖分开。但从西立佛整体来看存在一定问题。立佛顶部有一排水沟，开凿时很可能将其破坏，现已考虑让师傅们，先从立佛西侧开凿。立佛顶部待陈主任来后，研究解决。今日上八上工人数 小人

　　地点：鸱苇学军

1997年3月21日 星期五

上午9时，乙地、东四立佛、继续开凿。三将开凿情况拍摄下来。立佛顶部排水沟。不知应留不留。乙人已将东侧顶部形成一条小槽。为了确保文物之原貌，已决议停止开凿。待阮主经察研究后再动工。西侧、一号、二号窟院及千佛龛现命继续开凿。并把施工情况及开凿情况录制下来！上午共八、九人上工。

下午1点20分，拍摄乙地施工墨勾照片。开凿工作继续进行。下午共五、六人上工。

下午5:30左右：冯福林、陈世良及曹利民来到乙地。曹利民之受命调查应将芒阳村搬迁后，那么之各把古遗构保留下。以便及时运回郑。

出勤：敬学军 冯福林 陈世良

1997年 3月22日　　　星期六

东区、西区都正在顺利开凿。东边主佛顶部的排水沟不再保留，因其距佛身距离较远，若保留排水沟，势必增大主佛岩体的宽度，与起吊不利。

上午到乡政村上文化寺于小莉联系。与小莉一块来到西沃。与电工交涉，把她把自已的电表安装在原地段的坏电表处，停电问题终于得到解决。

对坏事的发电机，虽经郑州某维修部修理，但仍没有调试关机问送。今天下午冯海林、甄学年、曹利民三人共同进行了修理，结果令人满意。

今日出勤：陈世良、冯海林、甄学年。

1997年 3月23号   星期日

今天乙人继续凿岩，东边立佛进展顺利、西边园洞区也正常。给此两区好细观察。在进行内爆机钻孔和用大锯凿岩时，主佛及西区雕刻区均未发生能够看得出的变化。

剃海此联办往郑州运石头了。今天下午6点左右装上车，7点出发，由贾利民随车同行。同时心阿老家太联系，让此66的安排卸车，心责货商定。在卸完过石磅，据石头的实际毛方结释。

今天与乙地乙人觉得，外来人员，没有项目负责人批准，任何人不得乙地拍照和录相。

今日货物：冯海林、甄宇幸、陈世良

1997年3月2号日   星期二   晴.

今天工程队新购挖油机风钻一台.下午工头运到工地.
西区1号窟上P圈岩已从后部堂有1米左右.下部深度超过
大裂缝以下.估计再有2~3天.这一块可以凿离.

工地现有工人14名.二台内燃机钻.一台风钻.要求大约可
以凿围各1m³.

所里来电话.让回所进行各科室年度招聘和制订年度
工作计划.临颍县来电话.催促吉学坊镇察看禅受
碑.制订施工方案.

下午陈进良.甄学军.冯韵林三人回.但地委托本村刘
铜韵看守.

工地协助:陈进良.甄学军.冯韵林.

1997年3月24日　星期一　　　多云，有分毛小雨。

今天毛毛细雨基本下了一天，工地湿滑，无法进行工作。

工地出勤：陈建伯、冯钧林、甄字军。

1997年3月29日　　　　　星期六　　　　　晴.

回郑三天. 今日下午2时申到工地.

　　今日早7点. 8时. 中央电视台早间新闻节目.播放西沃石窟搬迁的新闻. 时间为15分钟左右.

　　东区主佛①容量去不足1米深. 收发坑靠上部约40cm的地方有一条横向裂隙有新的发展. 靠右部上下的一条较大裂隙尚未出现新的裂缝. 工人始从此处凿开. 在佛头上部用8#铅丝绑罕固. 防止北壁①容时出现向送. 为防止主佛出现更多新的裂隙. 与工人商定. 在主佛左右两侧竖向打两根锚杆. 靠上部(距岩顶30cm左右)打一横向(东西)锚杆。竖孔可用风钻打(一直打到佛脚底), 横向孔拟用水电钻打. 以减小震动.

　　据工人讲 26日. 赵报吉又带饮洛阳电视台. (洛阳日报社的人来工地采相. 拍照.

　　工地出勤. 李银忠. 冯福林. 陈进良

1997年3月30日　星期日　晴

西区1号塔上部母岩已经凿空。上午用杉杆绑成三角架，挂五吨倒链，把1号塔上层大裂隙以上部位吊起，向后移动约2m，以下部位母岩即可继续向下凿。此塔高1.1米，宽0.50米，厚0.50米，重约0.75吨。此块下部是沿大裂隙自然分离引开，不存在截断下部而向后。此塔在计划中含部石窟脱列分块中属较小的一块。沿自然层隙分块其优点是较为容易，但缺点是在部自然会隙引出，底已很难保证完整。此块下部车端即有部分岩块掉落。掉下的石块较为破碎。当即留下，用环氧粘接，以利拆卸时掉合。

鉴使用的五吨倒链是旧的，使用时不太利顺。已向工程队要求，尽决购买新的10吨倒链，以备再吊其它切块。

此块移位还比较顺利，也均以后市拉移位解决了经验。

东区3佛岩石板均破碎，在凿除围岩的过程中（只下凿70cm左右），就发现在佛身含下有几事新裂隙（多是沿岩石裂隙）。为保证此佛在凿除围岩过程中不再发生新加裂隙和增加之佛岩体的整体性。下午开始塔架2，准备用凿岩机（电动）打孔，打锚杆。

以上过程都进行了录像。

工地出助：陈世良、李银志、冯翰林、2人协为。

1997年 3月 31日. 星期日 晴.

东区主佛装孔架已搭好. 把岩芯机垂直固定在架子上. 钻头向下. 在主佛头顶东侧打孔. 发电机开始工作, 电力正常. 打孔较为顺利. 但在接钻杆时较为费事. 看来此种钻在此斗上还有不足之处. 钻孔深2.5米. 实际钻孔时间也不过10-20分钟. 但搭架子、接钻杆等工作时间足足有10个小时. 2人参者. 此孔的造价可算之矣!

下午再移动钻机. 在主佛西侧 由西向东下斜孔(按道理讲应打竖孔和平孔. 但无法架钻) 计划再打两个斜孔. 以便把主佛岩体加固. 计划在孔内水养干净后. 放入φ20螺纹钢作锚杆. 孔用环氧树脂灌注.

西区继续向下装岩体.

这两天在晚上7-8点. 都可在西北下部天空看到明亮 彗星.

工地匈防：陈进立 冯稻林 李银忠.

三月份工地出勤

陈世良　　　23天.

李中朝　　　10天

李银生　　　23天.

甄字平　　　14天

陈平　　　　5天

冯福林.　　23天.

毕淑敏　　　2天

张瑞　　　　2天.

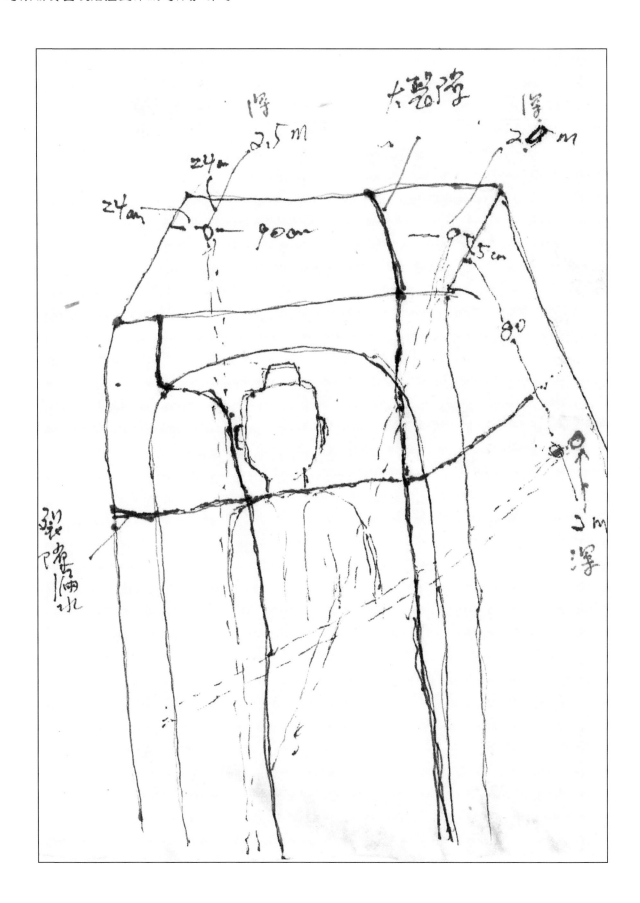

1997年4月1日　星期二　　阴，有多无，小雨．

主佛斜锚杆上二根均已打成．三根锚杆的位置及深度，以及主佛身已受大裂隙情况详见下面附图．

因此佛身大小裂太多．故删岩佛身改用金刚机打孔这样可以减小震动．锚孔现因潮湿无法灌环氧．

西区继续萱围岩．

下午县文庭以董书林，县文化局办公室主任任及小姐，来告文物以宋智亮小范的车来工地．告知前日洛阳龙门石窟东山佛像被盗，以日洛阳市特召开文物工作会议．工地也需加意安全．

上午县省文物局张局长来，回报工程进展情况．张局长还知名商司处告诉这些别不来工地．

工地出勤：陈世良，冯将军，贾根东三人．工人18人．

1997年4月2日 星期三   阴 有分毛小雨

西区正常营业世务. 东区三佛圈岩上开打三个锚杆孔. 用佳九
冲洗后. 又用压缩空气吹干. 灌入环氧树脂胶. 因有分毛小
雨. 为使工程顺利进度. 在东区搭了塑料棚.

向工人们传达了洛阳龙门东山石佛被盗的情况. 在施行
施工期间. 除注意自身的安全外. 石雕也绝注意保护——
防止施工受损和被盗失. 还要注意机械设备及工具的安
全。

工地出勤: 陈世良 冯船曲 苏银忠 三人

1997年 4月 3日. 星期四. 阴有小雨.

昨夜工地发电架灯加班武点时左右, 主要是在西区钻孔. 因目前三台钻钻孔速度仍赶不上凿石. 为了争取早日凿穿, 将石窟全部搬出库区. 故必须把凿石加班. 但天加点.

今天雨下的虽不大. 但西区地区的石头沫确被浸湿, 泥宁滑滑, 无法进去工作. 下午雨停后. 又继续干. 东区因搭有塑料棚. 今天没有停工.

为了解决西区二号洞上部的危岩安全问题, 北首先用水电钻打孔, 把危岩锚固. 然后再往下凿石.

昨天又来三名石匠, 现有工人已达20人.

刘和来到工地. 叫去一名工人与他一起到南阳. 南召等地准备购买切割岩石的圆活动圆盘锯, 但要此行能约到地委的切割机具, 如此. 以后的分割将会较的顺利.

今日工地出勤: 陈进良去银志冯钓林.

一九九七年四月四日. 星期五. 晴

今天一早. 乙人来找. 告知火发电机发动不起. 电也没有电. 不知什么原因。

经调查确认小发电机线圈烧坏. 电瓶严重缺电亏损. 由于电流表早已损坏. 没有及时更换. 以致于造成这样的后果.

于上午十点. 到洛阳市购买电瓶一个. 小发电机一个. 电流表一只. 由于小发电机机形特殊, 非常难找. 几乎跑了半个洛阳城; 终于也买到. 直至晚上七点多钟才回到西沃工地.

今日出勤. 陈世良. 汪参根. 李银水.

一九九七年　四月六日　星期天　晴.

今日东、西两区仍在岩石窟后部进行开凿.工作进行顺利。

西区的开凿工作除利用风钻、水电钻外.又分成了四个工作面同时开工.所以进展比较快.东区由于工作面较小.只留下四名工人进度相对要慢一些。

连续几日来.工人们每天夜里加班打孔.否则将延误工程进度.

今日出勤：冯复林　李银忠

一九九七年　四月七日　星期一　阴有小雨

今日一早，冯复林、李银书到洛阳取回电扇，并给工人带回了大量的鸡蛋、青菜。因下雨路滑，开车较慢，于下午6时回到工地。

西林区仍沿石窟的部，为从东、西两边同时开凿，慢慢的中间合拢。由于工作面较多，进展较快，下午已剩下一尺多宽就打通了。

东区窟仍是四名工人工作。

据工人说最近可能还要再加派人手，以提高工程进度。

今天税所院内来了一名木工，在原小党房内做椅子。

今日出勤：冯复林、李银书

一九九七年   四月8日 星期二   多云

今日工地开凿工作仍然顺利进行.
李钦志分别对东西两区进行了现场摄影,
摄像.

下午2点左右 刘和及其夫人来到工地,
并同带来了"圆盘锯",准备明天安装使
用.

晚9点工人来找,说大发电机出现问题.电
压最高只能达到200V.带不动机器无法进行
工作,施工进度将大受影响.由于情况比较紧
急,冯复林、李银志连夜去请造船的师傅帮助解决问题
与陈师傅商定明天一早到工地现场修理.

今日出勤: 冯复林 李银志

1997年   4月9日   星期三   晴。

　　冯复林、李银安于早上8点到达工地，由于大发电机不能用，新购的"圆盘锯"不能试机，无法安装使用。工人们仅用电钻和风钻进行开凿、打孔，速度明显跟不上。

　　到11点左右仍然未见造船的师傅前来修理，两人再次去找，于午饭后12点半将造船的陈师傅及两位姓林的师傅接到工地，三人多方检查，经三个多小时，终于找出故障，及时排除，此时已是下午4点了，耽误了造船师傅们不少时间。

　　冯、李将造船师傅们送回后，清扫了税所院内卫生。

今日出勤：冯复林、李银安。

1997年　9月10日　星期四　　晴

今日工地开凿工作顺利进行。

因电钻孔洞不断加深,连续夫坏了好几个钻头,目前三台钻已仅剩三个钻头。图盘银未明。

下午洛阳市文物局马局长、县文化局张局长董所长等一行八人来到西沃驻地,检查文物安全,并传达了省内文物大量丢失的情况,要求我们加强对石窟的安全保护。董所长告知,西沃乡派出所三次打电话联系,要针对西沃石窟搬迁及安全问题进行讨论,以制定定保护措施,请陈主任回来后与董书林连系。

冯复林维修并保养了小发电机,使机器转速提高,即使带上五、六个灯炮,依然能够达到高度。

今日出勤:冯复林　李银忠

1997年 4月11日 星期五 晴

东区之佛图岩已下卷1.6米左右。经仔细棒查，没有发现出现新的裂缝。这可能是以打三根锚杆起到了较好地的加固作用。此处岩体仍十分破碎，不可切业。岩石层理特多。

西区北二号洞顶部（斜壁）打锚杆三根（亮孔以快干水泥充填）。目的在于把此处危岩加固。其它工作在正常向下卷岩。

最近几天，由于工作量大，岩石又硬，内燃钻磨之劳毛病；钻头磨损严重，经常掉在钻孔中，钻杆甚至折断。看来还是产品质量有些问题。

发电机经过请造船师付认真拆修，目前运转才较为正常。看来托郑州的拆修，定毛毛为应付，还有些根本上的决问题。

今天下午，陈世良从郑州奔卧工地。

昨天下午8:30李中翔从郑州发来，在郑州买钻头。连夜修在洛阳拉羊东上剧新发长的骑东行去找洛阳拉走了两个半天。下午只能告郑宝娜跟石到完西沃石窟工地，本找宝娜约100发连束办住下，报告约走两号。

今月出勤：冯夏林 李银忠 陈世良 李中翔

1997年4月12日　　星期六.　晴.

今天空压机上的柴油机又出了毛病. 下午由冯纳林开车到洛阳购买配件. 晚上9点才返回.

上午李中翔来到工地、作大水郑烈程、丽死新来但没有开给所决的信息. 死是城住了一夜. 今天一早才从县城坐车来此.

因机械出了故障. 风钻不能工作, 所以今天进展速度明显减慢.

工地出勤. 陈进军、李中翔、冯纳林、李银堂.

1997年 4月13日. 屋期日 上午晴.下午阴有阵风.

上午特尝地机修好.风钻开始工作.

另有五尧2人,把二号洞下部岩体里凹处,以水泥.石块补砌.目的
在于支撑二号洞的母岩,以防切凿时下塌.这一作法也会继即宝儿
用.但费工.费时.费料,还不如打两根锚杆省工省时.作用又大.但
2人即专怀了.慢也行.

东区主佛母岩下部西南角.因有泥工加会.已掉下一块.再往下也
可说还会继续掉块.故安排2人 由北 斜向东南方向打锚杆一根.
予以固定.

上午冯韵林.李银尝等乘车回郑.

工地尝勘:陈世良.朱中朝.冯韵林.朱银尝.

1997年4月14日　星期一　多云

近几天因工人们决心支死麦报亭.把石窟迁乌. 那心日夜加快的矣、夜里干到12时以戏. 人可以充强支持. 但几台机器就受不了了, 不时出现毛病. 今天就有一台内燃机钻机就响乙了. ——因缺少另此纬不能工作, 给后阳打电话. 让派人送来. 但电话死仍打不迪. 还样一来. 人有了闲啊. 工人们今天开始准备在东区之佛下边打水电钻. 调查加固羊子.

西区只剩下一台风枯. 进度速度以至减慢.

工地卫助: 防进良、李中翻.

1994年 4月15日　星期二.　昨夜后半夜有阵雨, 处3时晴.

今天2人回洛阳约买钻头及号钟. 需候下午才能打回.

东区之佛底部围岩平均用水电钻打孔. 根部尚岩层厚为20厘米.

予计打三排孔. 上部一排之须过超平的, 钻孔沿水平线打. 孔距为1-2厘米

不等, 深度约1.7m左右. 即打到佛台的岩体.

上午我业务中国文物的养好安委之联系. 他说文物局晋处长已决定不来

河南. 花名到五月份两来. 这了一直拖了近半个月. 密号及看竹画保护工程半

已停了. 实在不够用支. 2佛岩石窟保护工程也必须急即开工, 实在没有办法. 姜工

说他只有一人差事了. 时间定在星期五, 即18日. 到时之合你来?

从东西两区打水电钻来看, 平搭之作架还之浪费的. 水电钻开机时

侧向台踏力约有吨余, 但竖之没有活动的踏来.

围岩越向下凿, 人向之作亦亦越困难. 必须另搭梯造.

经过造船师傅析修和新刹之电弧焊机. 大岁电机近日运行很正常.

下午省文物研究所员史英来之处. 他们之还荒城发掘的. 他们

请求去城里采来时, 给他们带些蔬菜来.

晚7时又有短时阵雨. 发电机又坏了! 今晚无法加班!

工地出勤为: 陈进良. 李中朝.

1994年4月16日 星期三 多云

今天上午工人来找，让修发电机。建材开信车的连师付修了二个小时，把起动拆开。起动机出了毛病，又换了电井，发电机才开始工作。

下午四点钻机运行基本正常。东区主佛底下已打完第一排孔，西区又在二号洞下部用水泥砌石头支顶。

冯稍林开车来工地，买回几种蔬菜，又帮老文物队买了一些。冯稍林、李中删、陈进良三人到荒凉坡去，本工送菜，又兼参观发掘现场。

下午五点好，乡政府文化专于专小到来工地居住、付给她从去年九月至今年四月共个八个月的补助费800元。

工地出勤：陈进良 李中删 冯稍林。

97年4月18日. 星期五.

今天工地手钢立井继续及下部开整窟搬打手排锚, 石垫提锚, 馆工建设不情到第二排锚. 同时左右分打第一排锚尾锚石.

西侧仍继续在底做民房侧打护势石. 从建房西侧间隔90cm发. 窟顶有时取后影响速度.

工地石场机手, 一人劳动强度脊病速继营, 有一人搞机械场及接头设前上发眼, 内部无事仍不需多劳动.

上午我李鄉敬书司司迁平. 张彬远, 郭家昌 张反远到局于这处之以 还有我陪牛宗, 陳平, 李社岁河南省一行共 一行八人, 检查大洞底之好处理进度情况. 以向省建特区局以上级部部门汇报. 当说局长事问有无事情. 并迟. 有事可找援留部助解决, 我给他们介绍了工地情况及文物定位情况. 有人提出两个问题: 1.危岩事及定言, 2.手钢立井下舒部名被统样.

去文物所工地时李社岁等等不民路远. 苦十八人民过 进止行饭, 人年又附了粮食和反过用之物. 又打打吃进话起 工地建里路上还如限平.

记录人员: 李鸣铜一人

1997年4月24日 星期四 晴 4°3

上午2人在公路边岩石裸露处试验大型号钢动岩石切割机。相当成功。准备下午就开始整两区的脚手架。下午2人又把架子加宽，乎以木杆。探倾和铃作扶手边。把架子固定牢靠。晚上2人些倒加班已12点。

上午冯钧林把带来的青菜给文物站2地运去。他俩志憨不合。下午黄左央去位处。

2地坐助、陈世良、去牛翻、冯钧林。

1997年4月25日　　星期五　　晴.

上午2人继续整修架子. 予计下午3时可把切割机架设安装好.

今天又得东西两区的2人和铃2. 把东区已剥离定的主佛圈岩. 在东西和南底. 各在中间打一固定且明显的垂直线. 以作切割基准时的依据. 西区东边一块同样是柱子垂直线. (今天无色漆. 沈育旺去邛崃城约买. 以便作柱记用.)

下午3点半钟安装好切割机. 在二号塔的西边像开锯. 上下垂直. 切割相当成功. 切缝不足1毫米. 边缘整齐. 没有破坏任何脱离面. 这也以后切割到造了宝贵的经验. 切缝上下长约2米. 宽达30cm左右. 几乎把已当岩体切透. 从后边稍作剥离就能把它与岩体铃位相连.

由于取得了初试的成功. 沈育旺决定在西边二号洞上边和洞左侧的岩也予以切割. 下午我又开始整理西边的架子.

以上所有过程都予以照相录相.

今天又做了冲击钻钻机试验. 打孔也较顺利. 但钻孔进度较慢.

今日出勤: 沈世良、朱中和、沈翰林。

1997年4月27日　　星期日　　　晴

今天上午西边切割架搭好，在11点半钟时开始切二号洞上边的切块。由于有了东边钻切的经验，此次数据吸取。早已用电线边钻到和。起块找手吊机。不几天就走巴节。择送。孕来手吊机被在有施工任务，一时还来不了现场。究竟怎么办，还有待于联手。

工地出勤：陈世品，汪铭生，求卡锁。

1997年4月28日　星期一　　多云

今天上午由冯韶林开车，到铁门察看石窟复至地关，主要是决定运输车辆进院的路线。经认真察看，车辆不能从正大门内进，只有从现铁土门内右侧拆墙进入张纺茂园南园后面向西，还需拆一些围墙，这条路线是较为理想的。中午又与县文化局吴段超局长、李云文化取得联系，向他们汇报了石窟开挖进展情况，安全情况和北铁门警局的配合，认识较为一致、向亲。张局长说，以后有什么处，可直接与他们联系，与地方的联系，也由他们来搞。

李中朝乘车到南关后，搭车回郑州。

今天二人把西区1、2号塔切坏，用倒链向右移，右的是开拓向西的工作面。

土地协助：陈卫良、李中朝、冯韶林。

1997年4月29日 星期二 晴

在用锯锯上下缝取得了的功经验之后，令二人又尝试锯平缝，用来切割龛雕刻下边的平缝。花了搭架之后，下午开始锯平缝。因该锯是为锯上下缝设计的，故锯平缝不像锯上下缝那样顺利。经过几次试锯，平缝还是锯的可以，但深度较浅，最深处为20cm，有些地方只有10cm。不管怎样，用此锯锯平缝，总比用水电钻凿孔小得多。只是较为费时费工。

由于塔龛雕刻区已剥离一大部分，再有5支左右，此切块即可完全剥离。为安全计，令那二人把此块固定好，以防不测。下午峰妈林开车去石井乡取发电机上的三角带。

近日来二人划分为两班，即白班和夜班，白班打围岩，夜班钻孔。所以近些时日工程进度较快，二人们也力争尽要收前把石窟搬离此场。

今日出勤：陈世良，峰福林。

1997年4月30日　星期三

昨晚用电话与千唐志斋批书院子运石窟的事，陈告诉他坡太陡过不去大型汽车和吊机，建议把围墙拆掉两个豁口，赵不同意，说损失太大。他还说牛宁寺几天来时说手了以迎运大门，并说张家太说石窟可一次运完。运到千唐志斋安全由他们承担责任，由我们派人帮宇。（他一再强调让人来协调此事）看来赵是怕损坏寺院。目前他无非是怕运坏墙。陈当即与吴又化向张及赵石窟联系。吴长说，他马上与拐具长联系，让拐县长协调。此陈次也两张家太所言作了记载。

今天准备再做溪阳纱切割手续，但发电机上的水泵出了问题，水泵不会转动，昨天则是胶三角带也花一花，之间物质报废。此以主即往溪阳纱石寺处买零件。到下午5时太太未返回，也没约到零件，但把水泵修好了。安装后试车，又发现水泵上加水封园坏了，水漏多，但能了开工。晚上还七开机，加以后，但不时往水箱中加水。

二地出差方：陈世民，冯耀民。

森太景松、
建永太景
就刘

魂晚功栋
菜刚君顺
李圆堂罢援付吞堂
常公中建许重和朝朝朝和
王五就就王王云眼朝朝和
就王云建刘
云云尖建刘
间

注：这是当时在工地施工的工人名字。

1997年5月1日　　　星期四，　晴。

近几天来气温一直很高，也有较长时间没有下雨了，工人干活更加辛苦。

今天水泵密封垫仍没修好，但还不时加水仍能运行，还是开机出水。今天把塔龛以下的分割线全部钻通，又因水电钻给塔佛钻了几个孔，以便安吊装钢绳。洞窟周围的岩体也仍继续开挖。

现在，已有东区主佛，西区八个字塔块（分上、下两块）以及塔龛（东西两区塔龛连在一块岩体上），还有2号洞上部的两小块（无编号划），其它塔分块已定全剖离，只等花岗上起吊。否则拖多天影响二个洞窟的切割进度。

今天五一劳动节。但过它无一点节日的气分，和往常一样工作。

今日出勤：陈世良，冯爱林。

1997年5月2日　星期五　晴转阴

今日午给省文物局张之平局长去电话，反映了郑安当要求平坡调舍的事。张局长说，他马上与赵根喜联系。因电波中断，无法继续通话。晚上8时又与张局家联系，张局长说，与赵根喜说妥，可以拆墙。什么时候这为与他联系。张局长说，过了五一上班，立即与杨局长汇报。5.6号左右他通知张家太所长，到吃坊开个会。如他不能来，让司给来。

今天还也找到了和，他后来吃坊迎送老排吊运的了，刘和镜子电话，于下午3时许才赶到工地。我们因有事，让他们两人说我们回郑了，也未吃饭。其实我们根本没有回郑。刘和子姜日下午就回去了。

乡文化专干李与荀子在天黑到工地，晚上住轻听院。今天午，我们一比到石井乡的荆掌山，那也有一处明代建的真武庙。建筑无存，只有几通清代的石碑，有的完好，有的残损。碑的纪年年代是清乾隆三年，也不好之妙了。

另外，昨天我们还和司小刘到西沃村中看了三个商从土崖洞中挖出的石佛，石佛高不足20cm，宽石在50cm左右，石质以荒渌岩，风化残走，佛像只尖统一个轮廓，不好断定时代。同时出土的还有两个残狮子，一个尚以大体看出刻左，一个已破损找走。看来这几佛者西沃价值不大，别都把它建简易庙供奉，香火极盛。

今日主劳，陆进良，冯纳林。

1997年5月三日 星期六 晴

东区主佛已完全切离，下已用石块支垫，周围以铅丝牵拉（以防不测）。此块荒石重约7t。距第②公路水平距离较远，整35t吊机吊不到第上。今天2人又在业得合的田岔。准备先用倒链起佛像后移一些距离，给吊运按续方便。

　　西区塔龛区切块，从模健陡露布，吊运定存危险。为保安全在切块上东西打两根锚杆，以环氧树脂按注钻孔。这样可以解决上下裂隙的固空，但水平裂隙不好打锚杆，看来运硫时需要立在车上。运时禁止平躺。

　　2号洞⑤与1号洞连相很近，前薄处只有10~15cm，此以1~2间不好分割。为解决吊运间运，2号洞区必须切割前（与1号间）。这样，2号洞的切割伐来需要再切。但间运也不很大，用大圆盘铁锯割，锯缝只有0.8cm，对佛像雕刻物不会产生很大影响。

　　1~2号洞后边的围空，正加紧铅凿，根据工程进展情况看，5月底或6月上旬完成撤离化旁不大。

　　今日出勤：陈世立，冷夏林

1997年5月4日　　星期日　　晴 东风五级

上午8时给张家太所长去电话。让他省向之长联系关于未到位的经费协调会的事。下午6:30又去电话。张所长说，明天下午（5月5日）杨局长、司处长、张斌远和张家太一起来研究解决问题。

上午2人们准备把塔龛切块向后翻。三角架仍用杉杆，但有一根杉杆之顶在三号洞加两壁上，而西壁及顶部岩石等很落（30cm以下）且破碎，有极大的危险性。我让他们予以支顶加固，但考虑还是不能绝对保证安全。我决定不再向后翻。但我离开后，他们又改换了杉杆的支撑位置，仍是把此切块向后翻了近一米距离。在支垫好切块后我严励批评了他们。强调此段保护石窟任何部位的安全，必须听从指挥，否则将不许他们继续干下去。

下午刘机带铁路咸阳通讯公司机械化公司的超吊车司机及科长来现场察看。他们说两边加几吊上来间隙不大，但要吊主佛距离太上太远，重心要超出吊车允许吊的范围，即使用50t吊机也难以吊之。他们回去后要详细制订吊运方案。根据每块的不同情况，采取不同的捆绑吊运措施，备足起用场品，再给确定吊装日期。

晚上与刘机通话。为吊装方便，可把主佛截成两节。但刘不同意。他担心安全整体起吊。我说：若能随时保证安全，我定整体起吊。

今日到场：陈世良　冯爱林。

1997年4月6日　星期二　　　阴、小雨

昨日下午，郑文坊向杨局长、司处长、

省古迹达3名家太、牛宁、陈学军、魏宇军、朱光走

来到新安。新安县付县长抓文教、文化局付局长3名及起、

与之谈明意书林工作提行。

今日上午九时。以上人员到坊内千涸志，调协石窟搬迁保存工作。

首先察看了坊坊（抓县长呢来30多钟）。

抓县长：解保护房设计方案、找出、屋内设计水槽是否会拥向洞窟内

　　　潮湿。

家太：讨论时大家意之为孕轮复杂，屋内有水可使室内湿润。

杨局长：北槽内可装上灯光，上也以波均差低，可以走人，灯不用彩灯

　　　用普通灯。

赵：没有根壁车像。

家太：这不属于搬迁复杂苦味。

杨局长：屋内安上摄头与馆内网络相联。旁边盖一小房，派以人，也

　　　可在屋内（保护房）连那以人（不走电觉。下部墙要加固。

县长：考虑到干涸志及地方的差子。建议保护房由地方上下。

赵：石窟搬迁过程中尽可能减少造成损失。整体学完迁工作的序。料

　　　一整。迁来以后。我马以坐花石头上。其它我作不评。还安考

　　　虑到屋子能客纳人员，前少要百十人。屋外迎合盖炉大小

于华东一些意见也加考虑，进行批会贵才各笔，古建与利考虑一些。

张局长：今号小拆墙。建彦今要让当地干，建彦工中又保证老白。我们尽力配合好。

牛宁：我们挑了一个方案，我们可以根据刚才扎的意见进行修改。又作印神态的日有一支图纸。加围墙可以作斗。正常保护与工之搬迁在围。给各问这当地立效应，建彦的购资我们已开始准备。

招：考此的立筑都是招标的。过去从没人给我议过叫批广。

家太：石窟搬迁之个整体工程，在内委托者古建即干。

牛宁：文物建筑不在招标内。

招：文物建筑也之一种建筑。

牛：搬入今号造的损失，这之大家的还一认识。

淳：

陈平：论证会上就有专家提出承住接受。

家太：搬迁地点已定了，我不要议了。进院拆墙损失很大，如果二次搬损去力，我倾向二次搬运。保护房内加孔内，种今号保存。以灯光作机之处坏，也是可以的。建保护房立与搬迁一哥考虑，局之怎么决定，我们各机执行。

赵：在使要上尽号给予方便。

杨局长：今天挖间都定下来，不敢再拖延了。之下来就不变了。收在搬迁旦序都定了。

　　1. 地点不变。

2. 施工中若会遇到很多困难，县政府去出面协调。大事找县长，一般了找法官长，即干店成也。

3. 吊装时，时间留空台，再协调有关部门。

4. 请县政府抓好敬些工作，给乡政府。

5. 运那干渴这，我们向二次搬运，安全问由干店负责，给1000元运费。

6. 保护房的风格就是此型河式，由省古建统一施工。

7. 修好后的安全一定要保证，请电思固，区内信班房。

8. 古建司和文化局玻玉新不要对科出待，这你好一个任务将来死剥争召研讨闻发布会，予彰出要打出，资料要收台好，照化，录相，工作吧。

拓县长：尊重杨局长的意见。

×   ×   ×

中午11:50，由经门出发那铁乡闯东村看洛阳文物一队的发扮之地。拓县长因去洛阳办了未随杨局长甘那之也。当赶那石窟之也时，刚好开始下雨。杨局长，司处长，张所长，平宇，洛甲去君两参看了施工现场，扣向了施工的有关情况，他们对施工进展从切剖工作品业表示满意。当支军正看主佛时雨下大了，还有队名服部被淋透。随后到住处看此了主持施工人员。陈，冯甄三人当之也。

今天 甄宇军随队来那之也。

今日出那地：陈进良，冯启发，甄宇军。

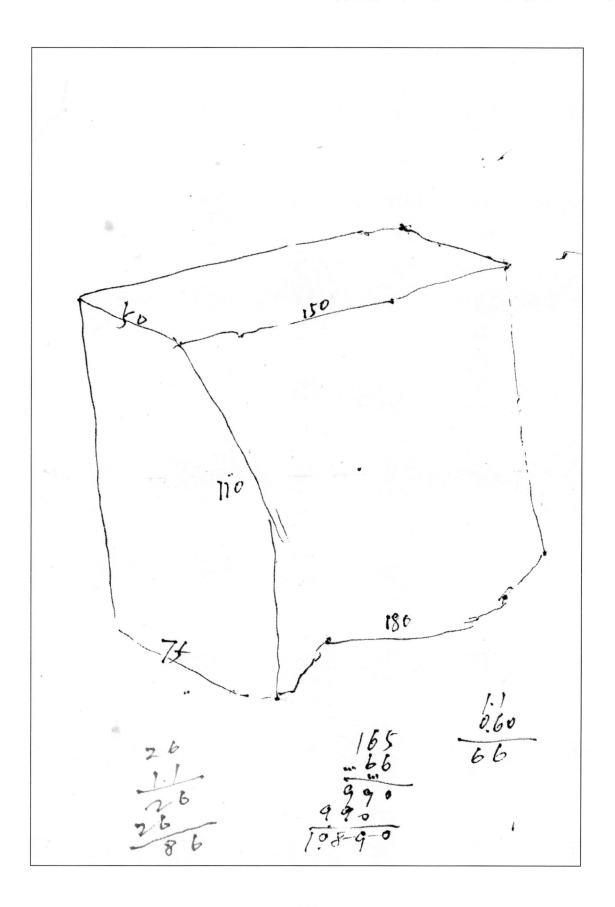

1994年5月7日　　星期三　　　　阴

今天上午，2人用围盘锯切二号洞，下锯点为离开一号洞两壁20cm，这样，二号洞就无法保证完整。随后又把机械东移，锯割1号洞东壁。

下午割锯一号洞东壁，保留壁厚20cm。

为了保证2号洞窗下部分的安全，在洞底由西北方向，向东南方向打锚杆。

东壁主佛由于距牵引太远，即使用50t吊车也不能起吊。2人决定先围斜链把佛像右移二个台阶，然后再用吊车起吊。所以近三天来2人正在佛台凿岩体。

昨天下午乡地税所的领导来找，准备进住房间，因杨局长去工地，未碰谈妥。

今协助：陈进良　　乱字华　　冷翔林。

1997年5月9日　星期五　阴·傍晚有小阵雨.

今天上午一邙之地，之人反映，昨天我们离开后，千唐志赵根书又带领洛阳日报来采单位的近十来个邙之地拍照，之人制止不了。我们知道后虽然十分气愤，前天杨局长才正式公布新闻报导纪律，而赵确以日作胆的违犯，这不理不睬一个教导岂加问罪。因此，我们立即与张家太所长、杨焕明所长以及拓号长反映，杨局长说，别说了些小，赵根书状这样做，我马上让人份达打电话询问。拓局长因正在县里开文化工作会，未能打通电话。下午去找向司法严处长晓东，他说打了儿次电话，都未找此人。

上午与工程队刘和一块邙千唐志察看地形，地去邙儿块缘雕寺以运此院内，一号窟绝对运不进去。之人决心把一号洞完整的切莫起吊，这我吃了实惊的事情。究竟是为了保院墙而损仿文物，还是为意保证文物的安全，这是马上请示杨局长。

晚上去文化寺千李小莉事之吧。

起吊的事，因以后日是公休日、施工单位负责者无重大原因下定期一一定丰施工。

今口晚电话告诉县张向长，若要大工故(下雨功) 5月12日(星期一)一定丰市东，恒安排千唐志科栽花木，以防遭受不必要的损失，张说田地方排。

今口玉明：陈世良、冯友林、甄宇羊。

1997年5月10日　星期六　　晴少云.

今天2人在4号第二号洞底部的孔,共打三排,以便于搭步凳清底部岩石.5也岩石高.

为了加固二号洞.在底部由西北方向向东南方打了两根锚杆.在晚部西南角垂直打了一根锚杆.

其余2人.仍在挖第1号洞后部岩体.

今天工地负责人王宝富说.他们的队长已交待他们.今 以一定做到不经过允许的其它单位人员在施工现场拍照.

今日出勤: 陈世良. 冯喜廿. 甄字平.

1997年5月11日　　星期日　　　阴·小雨·

从晨4时起·就下起了雨·开始雨较大·黎明后雨渐渐变小·工人为3处工期·搭设两个大棚·继续干活·

今天二号窟已完全剥离·到目前为止·除一号窟外·只剩下窟东不大一块无剥离·□□窟其余雕刻全部搭装完毕·只等明天起吊·至于明天情况如何·还是看天气情况而定·

今日加勤：陈进良·甄字年·冯发林·

1997年5月12日.   星期一   阴—多云.

原宝今日吊运. 但由于昨天几乎全天都有阵断小雨. 地已
很泥泞湿滑. 故吊车未来. 实际上今天完全可以吊运。

乙人们近两天加紧凿取一窟东边的一块. 准备在明天

起吊时一块运走。

夜12时与刘和联系. 说明天吊机一定去吊运。

令日本部: 3李进良. 冯志林. 甄守年.

1997年5月13日　星期二　晴．

今早照行二人．今天吊运，要做好吊运前的一些准备，一部分工人仍在加紧别墅一窟，争取到一块．中午戌仍找工人伏抢步．随时准备迎接吊车来吊．

下午近2时，吊车来到．吊车是可吊40吨吊车，但没来起重工．所带的工具也不太齐全．吊装从3时半开始吊．先吊一号塔上载，误吨重约4吨，较为顺利．接着吊二号窟，也相当顺利．二号窟切块装上车后，发现其总重（连同汽车）已超过250吨，又把该窟倒放，也没出现问题．说明二人所采取的加固保护措施还是可以的．接着吊塔龛和一、二号塔下部切块，都装一个汽车．汽车下卩部装有一些石来．共装二个汽车．每车重估计都在七吨以上，都已超载．汽车在路途行驶很慢，时速10 Km/t左右，所以在运输途中也未出现问题．晚近九时，汽车到达十唐志往的饭．

下午五时许装完车后，与出文化局局在联系．但处不在机关，当办公室人员找到他时，他回电话，我们已随车队离开现场，因而没有骡子上。

晚七时许，我们行车到庙头时，书张向骡子上了，告诉他已先走开党，车队现已到达庙头，估计再有半个小时就可到千唐志，让他马上马也把要骑骡。我们此往千唐志后，门已锁上，叫了很长时间的门，也无人开。后打听，院内住着张进华付馆长，可以多叫张院斗这她的住处，陈世良就按描述寻去寻找，还不错，就找到了。张进华当即就又书也打电话，他说，他正吃饭，吃完饭就来。这时陈世良又打电话找张叫他赶向去，张说再马也打电话，并说组车来千唐志。等后经过一个半小时也根本没抹来。车子一临，不向情况，就马上班车吵了也来。当此发现这车刚开进院内，而他们根本没做任何准备时，我千方百计不让卸车。几经交涉，张仍遭阻工作。这还是坚持中么按杨向长的九丢指示办，非让把石窟卸花大门外，搞二次搬运。施工现场的一草一木不得损坏。在多方交涉无动人情况下，陈世良又与名向杨向长去电话。杨向长指示，车既然到了院内，可让工人帮助把花草移栽，石窟就卸花院内。杨局长说，他马上给也打电话，如果打不到，可按他的意见给也说的。但把杨局长的指示告诉也时，他仍然不让卸车。

1997年5月14日　星期三　晴

（接上文）

陈世虑让他给杨总打电话，他也不打，后又继续长时间争吵。赵才元许诺刚到陵时计划所方案卸车，但这时已到了5月14日凌晨2时。

卸车时无任何照明设备，只有一把手电灯，千庙乡也不托货之旧，街上也无商店营业，以此卸车工作进行的很慢、慢。

当把工作排好后，我们因连续律续二天到2、3点才睡觉（前天是做乡政府的工作，说服他们不来阻挡运碑车辆），我心去张向总一次回去。

14日中午10点，我们又与张向总卸千庙乡看关的卸车情况。今天千庙乡也很苦，张建早都去洛阳了，我们没有见到他们。我们赶到后，工人干了一个过宵，直到九点多钟才把车卸完，他们刚吃了早饭回来。

我们察看了之后，其它几块都完好无损，只有塔龛切块上部，又掉下不小一块，经观察都是旧裂隙，充填泥土，没有任何新断痕，况且此块无任何雕刻。这一块子我备立运碑，但车厢上超过大寸，无法进入院内，花完小时间雕凿以下，不不得已平躺运碑的。据压车工人讲，在运碑途中也发现该裂隙有再打大。（该裂隙也许就在平躺石块时已时开，这就是我们坚持必须直立运碑的原因）。

陈世良心张局长找不到化何负责人．我也得看么的老董．看好文物．马上回来．马上转达他。这时也还化时．我们就一块回坐了。

下午6时．李银忠车坐．晚上陈世良．乱字事．浮毒米四人一同回坐西侠。

1997年 5月 15日 星期四.

今日早. 8点. 陈建良主任及马复林同志返郑. 整理.
牛银忠. 留守工地. 工地施工现场经过清理. 一号窑继续开
凿. 因麦收将至. 又少工人需要回家收麦. 将地部分工人回家收
麦. 工地留下12名工人施工. 施工一切正常.

牛焕均. 顾学年. 牛银忠.

5月16号，星期五

今日早八点，魏学峰、孙银志二人在工地巡行，直走至消河边时，忽听有人叫喊，回头观望，见土岗之上几人招手、叫喊，细听方知在叫我们，走近住地，才知是我们的所长、冯永泰、陈平、宋兆麟，以及文物局司志平、徐实廷来到工地，在小叙片刻，他们一行五人前去八里胡同、观看栈道，临走要求我们在下午一时左右给他们做饭。他们走后，我二人前往工地，工地一切正常，后又至长泉村李宅商谈运石头一事，商定于下午2时运往郑州。

下午1时魏、孙二位将饭菜做好，等所长一行回来用饭，直至下午3.30分他们才回到住地，饭后所长离去于下午4.10分左右返郑，时至下午4时，魏孙二人下午来到工地。

今日值班：魏学峰、孙银志。

5月17号 星期天

今日工地 施工工具（吹钻）坏了，工人分两班开凿。因备件少，又出现问题，加之心理想急于回家收麦，故此施工开凿进度较慢。一给州刘荣昌二人，前去西洛阳同刘汝雄关于 商量 放假一事，同时购买 吹钻零件。下午 3点左右，刘荣昌从洛阳返回，问到会面情况，他说麦期不放假，但关键的二人返回收麦，一批收完再换班。根据此情况来看，进入麦收的工地最多留四名工人施工。

牛勤、魏学革、李银忠。

5月19号. 星期日一

一号窟继续开凿. 未见异常情况. 2号进度较慢. 终一天尚开凿.
一窟不云打排眼. 至下午6点. 才打完一排眠. 2人减三八色. 其云
一切正常.

出勤: 魏学军 方银出.

5月20日. 星期6 2：

今日工程进度较慢，至下午才可将书第二排排眼。主窟台坊继续开凿石头，将工程也发. 拍摄录音，工施工情况，还首拍摄间时. 工地来了三人. 刘华一手持有些相机，着他想拍摄工地情经时. 身上前制止，讲明这里不详拍些！此3人上去台，又以一人为将高想偷拍施工会第，工好被刘和书银连坊坊即刻上去强行制止. 问地价是那单位. 他们讲是巷人. 我再次讲道. 当地为施工现场. 未经省文物局及建设抱件. 任何人不得私自拍些东录梳，后将地赶离高现场。 今日工人上工人数为10名.

今日宅物；书银连。 赵河

1997年5月21日　星期三　　　晴

由于1号窟下部岩石十分坚硬，基底密纹与主体的连接还甚较慢，上部打业2m深的孔大约需10—15分钟。这么一个孔就需1个小时左右。也因为等到此电机上误了几天时间，所以原计划爱守（5月底守）把石窟解离凿场的打好，现在看来有一定困难。不过工人们现在很是日夜加班。毕竟没有放松。

今天崔炳华、陈世良二人驾治爱林的车去之地，在孟津县麻屯村南迁此来之的局强处等局长、小浪底框组建管局韩氏局长等之，同他们一起到小浪底建设之地，在轮九局周希平处长带领陪同下，参观了引流洞、世水口，大坝地基。晚8时半到达西沃。

今日来访：崔炳华，陈世良，李继忠，甄宁宝，杨爱林。

1997年5月22日　星期四　晴天

上午在砌墙，陈世良砌工地砌工地。检查了施工现场。反复要求工人：越是到了工程的收尾阶段，越要注意安全，特别是施工架，一定要经常检查，发现问题及时处理。一定要保证善始善终。

下午1时，国家文物局文物养护专家组组长黄学智。教授，局长张文彬副局长，小浪底移住局万国胜总工。省局司监平副处长，洛阳文物一队叶万松，新安县文化局二位张局长，文管所董书林等20多人来到施工现场。黄学智同志下到施工架上，察看了石窟，询问了施工情况。指示我们在工程完成后，把石窟研究这事，工程情况出一个册子。我们说，已做了这方面的准备。万国胜总工都施工情况，讯问了工期，我们回答说在六月底以前搬迁出库区没有问题。

下午又与施工队刘和研究了以后几天的安排。在最近几天要请吊机负责人到现场研究一下，到订桅窟的起吊方案，确保安全。同时给刘和指出，低温注意安全施工，双方商定，最迟不得超过6月20日，一定把石窟搬走。在麦收期间，工地留下至少四人看管，保证麦收期间的文物安全。

李银忠、甄守军乘车返郑。

今日车班：庄炳华、陈世良、李银忠、甄守军、记复林。

1997年5月23日　星期五　晴

昨日晚7时，发电机油水冷却器大量漏油。不得已将其拆下。电工二人连夜其抗回石头。一个修电轧机的机械师说能修好。二人和陈世良二人打着矿灯、手电，用锡焊焊了运转七时，说是修好了。二人抗回，此凌晨三时才将冷却器安上。但车仍是不行，没有几个小时，九点分机油全部漏光。没有办法，只有停机。

今日午饭，二名工人又抗冷却器来修。没有电，我们发动小电机，修了3了小时，但仍修不好。花没有办法时去求送管机师付们。他们已回下班，但都超热地去和起机械装好，很快起机用锡焊好。这时已是将近下午7时了。回去后，二人们抓紧安装。晚间饭后，陈世良、左炳军到工地，二人又开始加夜班干活了。

今日出勤：陈世良　左炳军二人。

1997年8月24日　星期天．晴．

今日早饭后．崔炳学，浮世长二人徒步去八吕胡同孜察．中午12时走到八吕胡同东口．最后一家住户处．听户主李老汉讲．再往东去就没有路线了．我们向他一些情况质询事件急所遂回．下午3时半回到我们当住地．一进大方．看到红色粉笔在地上写有老陈．回来后速到工地"刻字样"．我们赶快打火做饭．这时乡文化专干亦小刻来此．我们简单地吃了一碗凉菜．就急忙赶到工地．二人说：是文化出局张局长有急事来找．并给与张局长留下约一封信．说是昨晚12时陈平打来电话．通知老炳明日一定赶到登封县亦世局．张此益生化那已甘他．因张局长生命之起来病说来．没有礼适已甘待．我们立即与所已联系．所长都不在家．与陈平联系．告知己为支账一分．说我子不明再回去了．接治．又与张局询联系、说明了情况．

今天水电钻又出了毛病．无法使用．需要到洛阳约更另件．昨天特有儿吧工人返乡收麦．工地尚有8人．目示二窟田岩已卸利崩．只剩底P末立工．

今日出勤：浮世长．崔炳学．

1996年 5月25日　　星期日　　晴多云好云.

下午2时，与义彦坐小班车去接龙焕年，论时至一定去他地
方见四时，论与张家大孩子，病突如此，龙焕年即来又要
到加比幸专洛阳，由洛阳来长途车回郑．

工地的水电站已修好，下午5时开始钻孔，今天工地
有工人8名．

今日出勤：陈世良．龙焕年。

1997年5月26日 星期一 晴

　　今天天气较前增热。2号洞人21和李生都仍是长期的看守和施工。工人们仍是日夜加班。当地麦收也基本全全展开，迁走的农民大多都返回救场。

　　与刘和文结，一窖固体较大，岩石裂隙尺十多寸，尤其是大型隙特大，要在他物打锚杆的部位尽力打止锚杆。同时尽量去除过季的岩石，争取只保留20cm厚度，不过这样要尽量以手工剔凿。

　　与家卫联系，小宴林27日考试，28日来工地。同时通知他们，不要再来人了。来车只把这里的工具拉回去，寸麦收后再来。

　　今日出勤：陈进良。

1997年5月27日　星期二　　　阴、小雨.

今天天刚亮，即下起了小雨。工人仍搭着塑料棚仍孔钻一窟东壁，估计到29日孔可全部打完。

下午，工人们开始收拾各种已不用或暂时不用的工具。此告听大回家部分人。

与花鸿甲顺子、地说所支开了会，决定在麦收期间，工人放假，尚下几个人看守工地，我们也派人常驻工地，以免出坏以外情况。

工地监理：陈世良.

1997年5月28日 星期三 晴.

今天乙c只剩下3人.其它接班人员还未来到.他们以布打好继续打孔.但发电机水箱叶轮坏了.不能发电.只好成们还差来到.寺昌城我们的几只.下午陈锡珍、社政部姜岭来冯宠林汽车来到乙地参观3施工现场.即对举改肩3石窟全景.由于晚上无住房住.晚住部安宾馆.

晚上7时8许吃晚饭时.见斗3昌文化局张口超局长与他们报3乙程进展情况和在麦收期间的安全保乙工作.

今日到场:张昌世良、冯宠林.

1997年5月29日　　星期四　　晴.

今天早饭后，由新安出发回郑. 在途过偃师古墓馆时，同行几人一块参观了该馆. 下午4时回到郑州.

今日出勤: 陈进良. 冯智东.

1997年6月17日　星期二　多云

从5月29日至今，由于工人放假收麦，工地停工至6月10日。这期间工地还派三人值班看守，没有发生文物安全方面的问题。这期间由陕西军队进行漕运遗址调查时，在两处工地住过两次，计十余天。可以说工地基本上没有脱过我们的人。

6月10日，工人陆续来上班，首先修好了电机，但没有用上一次，电缆及冲击钻都坏了，施工又被迫停了两天，到洛阳修钻、买另部件，16日下午电话才修好，开始上第二班，到目前为止，石窟底部的孔基本打完，设了几位先打孔4排，排距　，每来孔距　，至来，计　夕孔，这样石窟底部呈蜂巢状。进行的另一项工作是加固一窟围岩，方法有两种①以环氧水泥加固。②以锚杆加固，按打孔灌浆以环氧浆液。这两种方法以锚杆加固为主。围岩从北向南，从上到下，从东侧南、后壁、左右两壁，先打进锚杆（长2米以上）　根，短锚杆（20~30cm）　根。

根据施工组人员责人反映，6月10日左右，河南电视台曾采访　物向何纪伋来现场拍摄，随行的还有洛阳电台，新生电视台和　台记者。就此事，陈世良曾打电话询问过教场向，确有其事，是通过赵会荣、常任侠同意后出据采访的介绍信，但已明确指出，不得在电视上直播，电视台方同意此意见。

今日出勤：陈世良、甄字彥、李银虎、冯志水。

1997年6月18日. 星期三. 晴.

今天上午工程队刘加、洛阳二炬某部吊车司机、铁手李三位、和我们的陈世良、霍宇军、李继忠、一块在工地研究一窟、主佛的起吊问题. 通过测核, 主佛最大重量为7t. 一窟的重量为14-15t. 这两件、用40t吊车都不能吊上岸来. 研究决定用两个40t吊车同步工作. 为了保证石窟的安全、石窟围岩用槽钢(200×80)临场焊制的钢笼子(如图示).

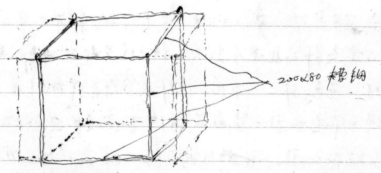

200×80 槽钢

这样做、先以钢笼框架、执到起吊时、钢绳对石窟压力. 以防石墙围岩. 在起吊时、除在钢笼上绑上钢绳绳斜、在槽钢外再绑一道钢绳绳. 这两道钢绳绳同时挂在吊钩上. 可起到双保险作用. 以防在起吊时钢笼出现问题.

下午我们计于馆志寄特物馆、参观了部车晚坊. 设计了这料方案. 都认为石窟无法从大门运至馆室晚坊. 吊机无法进院内. 除拆围墙外. 别无它法. 若必须从大门运石窟. 或者破坏此道路. 或者把石窟锯开. 但在发生安危时、又用吊车仍不好办. 那只有耗大量的力、财力、人力. 进院内的道路.

只有花大门的右侧，打开临于田埂后进入搪纺除通南图，退后，再打开内部田埂，进入复垦现场。共需拆田梗七米左右长。

起吊时间，初步确定地23或24日，最迟在25日，若因天气情次影响，只得后推。

从续行回制县城后，与县文化局张局长汇报了以上情次。张局长和陈世良一起又向拓县长进行了汇报，确定在明天(19日)上午10时在县宾馆召开由于废渣、县向拓县长、陈世良甘参加的会议，研究书运向题。同时又向拓长汇报了乡图村有些群众忙希阻挡运石窟的事，希望拓长找等队的工作，拓县长参过他或者去乡政府找书记和乡道，或者让他们来县政村，与他他新工作。

1997年6月19日 星期四   晴

地点：新安宾馆 205房间.

参加人：拓县长、张汉超局长、飞根甘、陈世良、己乃强
　　　　林、甄宇军.

内容：协调西沃石窟搬入千唐志斋内事.

拓县长：

陈世良：介绍情况.

张汉超：

赵根甘：报好每次会方案和播局长十字指示办、
　　　　搬迁资金300万，加加开发速险度.
　　　　用土办法，投关员由批舒.
　　　　扒七革弄与统战部打起手，张坊陵园
　　　　施工中有低的连很方案审刻、野喜却东.

拓县长：抓牢受用.

晚上把今天文停的情况向杨局长、张局长汇报、杨局长
立即决定、明天派徐局长到县领组办.

今日出勤：陈世良、甄宇军、赤良志、张论甘.

6月20日，　　星期五。

今天上午 张义卓乡长、范策华书记来到处，库别们出郑州汶在

了句，张义卓打来电话，让专车接。下午赶到、我们向张汇报

了有关情况、张决定明天到现场 解决问。

今日联络：陈世良 左炳华 路爱廿 李银志 卫房等

1997年6月21日　星期六　晴.

地点：千唐志斋会议室.

时间：97年6月21日上午.

参加人：张文革．龚祐华．陈世良．赵宁争．李品生．
　　　　赵文敬．赵报生．张汉超．刘和.

内容：研究西沃石窟搬入院内问.

张文革：搬运工程已进入第二阶段.
　　　　现在有两套方案，一个用机械．一个用人工.
　　　　千唐志斋有一个消防通道，过不去大车．借这次机会，
　　　　把它全部打通．位置就在大门南侧．已也作的这条
　　　　通道．以后内就可常设。如这块确实进不来吊车．我国东
　　　　别的办法．准持二次搬运．用人工包装.

李报青：打通这就得化时间.

陈世良：根据工程队．现有设备．卸不了车．请刘和记怎么
　　　　卸车.

张文革：先把石块起卸在大门内．用吊车卸下．搬动地面
　　　　垫作好后．再卸吊车向里运.
　　　　石块放在院内曝晒.

李报青：不移动.

陈世良：千唐志斋来两次．记者又回去．希文好局搬运.

张局长：这了批不再如顶了，现在还未拆。若拆，他还该向
　　文物局打招乎。

下午，张文章局长、范炳华回部。由区报社的车送。

1997年6月22日　　　　星期日　　　晴

今天上午陈、电杏、冯到西沃解决与住地群众有关的事。这几天乡和民村抓的都很紧，尚没有迁走的钉子，必需在6月30日前搬离，村里无电无水。

今天共有议项如下问：

1. 归还借用的菜板等，物乞坚持让付30元租费。

2. 与邻居刘桐构交谈，在乡文化专干的建议下，给他共500元的安全保卫费，我们感谢他对我们工作的支持，答大欢喜。

3. 结清邻居刘家备用汽车运石刻的款项，计800元正，道应是乡承队的了，但我们是中介人，我们把它清了。

4. 与高杏借清购物欠款，但尚尚无票。(欠180元)

5. 乡文化专干去小刘和民兵刘桐构，又回带来口信，转达地提出的丁华苏的意见，除我正筹的每月150元的房租外，另要求使伤房屋要付10000元，否则，误不让高杏。我们输去刘桐构家住房内的家俱：计涤斗二床，立柜（女作柜）一个，木椅三把，名扇一个。

我们给他们回答：要素价太高，太不合理，邻子拍屋与我们无关，我们不同意这意，我们答应奋高讨较

何与我的关系不错，才运费补助1000元，今3不行。因双方差距较大，无法谈妥。双方一直坚持到晚9点半，才约定以后再谈。我们回到县城때已将近12点。

6、把我们的行李、物品、炊具都备作协收拾，这毛场头二人促处。要纲木桌、木凳因不再有使用价值，随房子物品处理。

7、下午3时左右，村民方人即焊分晚，但很辛苦我我们派车将其送往县城医院，我们立即答应，冯省林车回用去了小时。

今晚值班：陈世良、冯省林、朱继忠、赵宇峰。

1997年6月23日　　　星期一　　　晴

今天主要是催促工程队尽快运输钢材工地，焊制钢笼。拾刻和回答。他们在家从早6点起就用切割机裁槽钢。路基把尺寸精度，免得出差错，昨天刘和又去轮工地复检人寸。但无论如何，无法把槽钢裁断。他们计划明天一早把钢材运工地请人裁。

我们在县城要争先中心主动与各有关单位接头，安排25日布置的问题。今天已正式通知名文物局、县文化局、景管理、25日布置。

今早7时，冯发处开车，陈世良去洛阳与刘和约定共同我早车单位商定吊车问题，由于刘和又联不上，我们在洛阳150医院东西，干等了一个多小时也未会面，无功而返。

今有冯发处、陈世良、甄守宇、苏银东、冯会林。

1997年6月26日　　星期二　　晴.

由于昨天花了也无水，我们到带住市场去买的岩层矿泉水，向这不加，陈世良喝了几弄，当天下午期上就出呕不退。从今日凌晨起就开始拉肚子。昨天一天就考于没有吃什么东西，陆会全一闹腾就受了啦。8时之候后，马家出送陈世良到医院新诊。医生建议输液，由于无时间，没输，只开了一些药品。

10时左右，配音华，未银怎，冯家出开车到工地，检查起吊准备情况。工程队清世船工人来焊钢架，他们保证，如果花迁吊时，从焊口拉开，一切后果归他们负责。槽钢规格为200×8×10，是强度远这之超过免吊块起的荷载。上午已把梁框焊好，焊工保证不脱该吊无这母。

下午从工地回来后，与文化局联系局长也来了。这几天，局长一直忙着往报纸的跑，未抓我们的事情和联系。冯家出乱6点正，考时文章局长，韩华纬，冯也石子也从郑州赶来。当他们知道陈世良身体不太适时，立即让冯家出、配音华送陈那里医院，医院里转让输液，但医院太晚，无法往身，也找不却护技员，我们就等了处方，到宾馆时已的个体诊所护药，等来新药输液，一直到他凌晨时。

晚局长来后，立即召开相关会议，安排布置以那种场的所有工定。

今日出勤，陈世良，配音华，李银怎，韩福华，冯也石子，冯家出。

晚饭时，陈长石也感到身体极度不适，陈局长特意让乡厅刘
姐又加做四支酸苦合之餐，张长石、陈进良每人二只，但二人皆
没有吃。张长石这时直冒虚汗，几个人立即去扶他准备送医
院，一出乡政府门口，他就吐了一地，这时他也感到略好了一些，
就坚持不去医院。饭后，送陈进良到医院。

1997年6月25日　　星期三　　晴

对于坚持在工地蹲了几个月之久的我们来说，是最关键的一天，也是各有关单位的领导和同志最关注的一天。我们的心情十分凝重和不安，但对于起吊的成功，还是具有十分的把握。吃过早饭后，几个人分头并行上勾捆离物品，几位领导再一次检查，每队起吊和这做的准备工作。由于拓县长有事，时间走他们先等他一些时间，我们驱车先行。上午11时，陪世良、甄荣等，市级志济名林赶到工地，这时工地已来等了几百名前来观看的群众，洛阳电视台的记者已提前赶来。11时40分，鸣文革局长、花炳荣、张也石、赵敬岩局长、聂列书记、曾乡长、张汉起局长、景书林部长、范部长县公安局内保科指导员等也赶到现场。两部40吨的吊机在12时许从小浪底工地开来。

担任吊运任务的是铁道第二炸五一部工程了。这辆车车辆很好，很先进。

洛阳市副市长查敏和洛阳文物一队的几位同志也来了，他们这几人不是来搬迁事的，而是在去黄东洛阳市文物一队发掘现场时顺便来这儿看一下。

首先由二了40吨吊车吊一号窟。由于起吊搭接得力，起吊比较顺利，到后用一了吊车吊另一块。

一号窟搬上车后，群众开始在车旁烧香、唵经。这时有一个八十岁左右的老太，声称稀子被鞭炮炸坏了，眼也炸坏了，腿花车奇至煽闹了，经专人调解无动，以此相信以了态度逐字扩大。后来众多的男老幼开始包烧，有的坐在石佛上，阻拦货币。县乡干部上台做工作也不起作用，到七点钟后，乐车受收拾物品，难容回去，后来，别说拦住车更也不让走。

依欢聚这些群众这支有难容，有组织的。乡干部做工作是做不得力的，拦挡更工作也不得力。一直闹到午后，才达成协议，把石窟运结乡政府，以便再商决定。

陈进良一人坐冯翁林的车随石窟运输车走，其定人去迂迂到乡政府，找乡长张书记回县。

运输车到乡政府时，乡干部不让进政府院。群众让运进去不少。后强行进了政府院。

在运输车即将到达乡政府时，由于车载重，上坡高，不能快行，发动机开锅了，不得行。张文革说走找的故事，让去足可找人帮车。

群众把大门上了锁，文革也不能离开，后又让花炳军、张汉世二人听取群众代表意见。一直拖腾我节至天半上，才让他们离开。李子涛石窟满花了乡政府，群众前一辆车（中已打打接医）。地停还之前很多人往乡政府围看。

今日去的：陈进良、花炳军、张世石、夏子革、李银生、冯翁林、张文革、郝可枫。

1997年6月26日 星期四 晴.

上午略子休息, 陪与省杨局长联系. 下午分派司法事科查. 下午张文军
请求行定省着锋周书记, 周书记答应很快开会商决问。4:30号参加万
学急会议. 严励批评了多王书记与本乡长. 张文军. 荏福华. 张上石回
郑. 司法手事种。早上郑字军回郑 (处收此买房子向).

晚上2书记, 本乡长来宾馆住处见我们协搭讨. 答应主即回去收拾
工作. 第二天上午他们又来住处. 搭讨. 约定好. 下午3时在乡22行会
齐拉去石窟. 由于运车司机已回洛阳. 我们于咋天晚上打电话还给
他. 让他吹天上午一定赶印郑来宾馆. 他们来的较晚, 已十一点了.

上午, 陪进良. 司法手来洛访林加东志铁务攀看道路, 看这输车
定否冲通过. 陆心方, 辞纳解坊高不足四米. 这输车无陆通过.
在长根生如布钦下, 又无铁务老于 估计这输可冲通过. 于上有几
根桉穿电线需处收. 但此较简单.

之收, 陈司回郑安. 去行与电厂附近时. 看到路边有一吊车. 经
联系. 车属郑州车辆. 在路一2F施工. 35吨. 可以帮忙吊车. 我们
又捡上司机回郑千瘦近紫营收坊. 司机说定会子以吊车. 双方约
定下午这输车来时. 郑厂已找他们.

陈. 司回郑住处后. 洛阳司机也来了. 欢收印2书记. 本乡长. 与
定3时在乡收行会合.

由于运车坐不下, 今天活动去银忠都在宾馆守候.

下午3时. 我们准时赶乡收行, 省乡长在收坊守候. 石窟车

27

1997年6月20日　星期五　晴

周围划了临时警戒线，在石窟上贴了布告。这时已无群众围观。首多乡说，该起赶开车，不然还会引来麻烦。经车加水后，司机开车出行。乡派出所出动几人把围观群众驱散，车顺利地开走了。这时王书记和乡长还未回来，我们与曾乡长在办公室坐了一会儿，怕车在路上出事，我告别他回县。车行了约10公里，追上了王书记他们，说了几句话，我分手走了。车子行走较为顺利，当车行到石寺那边时，司机手生上还换车同行，陈进良去电阳招了找来车。

经仔细测定，街上牌坊无法通过可以通过这石窟车。在众人的帮助下，车子才拆走过。

晚8时左右，吊车赶到，顺利地卸了车。石窟就放在大石以下，二饰以外。

经吊车司机现场察看，装卸时20吨吊车无法吊放石窟。只使用20吨吊车，大门左边的夹道也无法进入院内。晚12时许，我们回到了住处（县城）。张汉超今天没去乡，直接来到千河去。他一直陪我们把车卸好，夜一块回县。

~~我们与杨县长~~

当日帮助：陈进良—水泵，活动来参二天。强字永、张水石、张文举各一天。

陈汉华

1997年6月28日　星期六　　　　　晴。

这几天，由于里呼地工作，加班加点，大家都很疲劳。早起起床及晚下午休息。

这阵，离香港回归的日子已近，城乡气氛特别活跃。每个人的心情也特别激动。一与各方联系的结果，大家一致认为：让群众的心情暂平静一下，共香港回归后，再安排主佛的起吊工作。

今日出勤：陈进良、市银忠、冯志武、司泱年。

1997年7月7日. 阴 星期一

给省教协局张分长.司处长.吴拓县长.张汉超局长 说了.和二工程队刘和联系.决定7月8日起吊立佛.

下午:陈进良.花锅华.李银忠.司化平.张松遣一块去新安。下午4时赶到新安.陈世良.冯爱共去铁门电韵铝厂联系起吊的吊车.近7时返回.与六冶机械处说要.明天下午专一部120吨吊车起吊。

司.张丰云.又与张汉超.拓之敬联系.定明8日起吊立像.挑拓县长讲.这次问题不大.已给乡派了布署.同时也与县公安局作了连络.如有必要.可随时调动公安人员。

晚上吴省约两次与县书记与市长在一块谈.但无论如何也联系不上。

全日协助:陈世良.花锅华.李银忠.司化平.张松遣.冯爱共。

1997年7月8日．　　星期二．　　多云转晴．

上午10时．司长平．张松造．陈进良．范炳华．朱银忠．拓文敬．张汉超、吴文食此范所良．姜岭等去工地．11点半到达．乡土书记和派出所干警也来工地。今天工地静悄悄。范炳华与在楼头来住老人交谈。他们说他们是石山头的．6月25日那天．乡政府通知邑户农统去石窟工地一人．乡政府邑人每日补助心元钱．但钱没去．群众还未见到一分．可是6月25日闹了．是乡政府组织的。

12时过．吊车也未到．土书记让拓员所甘此乡吃午饭．陈进良．朱银忠．张汉超．吴文及范明姜岭与死工地守候．

下午3时．吊车来到．是洛阳吉利区石化总厂机修分厂的50吨吊车．经过2个小时的调车．调节吊绳寺工咋．才安全此把主佛吊上汽车．装好车已6点了．

今天．洛阳电视台的外宣记者．又不请自到．而且比我们来的更早．司长平．张松造请示了张文章局长．允许他们拍摄．

吴文食此的车跟随拉佛车到新邑路一西氿路四迫县、司长平．范炳华亦直接回铁门．陈进良心汽管去到电向钱厂找吊车．刘和甘把 保邦林志胖 钢昆及七件用具装车也拉往铁门。拉佛车至夜11时才进到铁门。因联系的卸车吊机正在工地连在施工．后又出了毛病．近12时才来到干增忘．经多方努力．才免强把主佛卸下．没有早此损伤。

257

夜12时半，大家返回县城，主佛仍卸在大方外。

今日出功，陈进良，赵银水，范炳辛，孙爱基，刘庆军，张松造。

1957年7月9日.　　星期三.　　晴.

上午.司临平.张松泽要赶回郑州.我们参座以及义北局.县政府.
县文底以甘单位的领导同志.为处理石窟切块.任碌了很长一段
时间.接后也是他们的任务.但毕竟之我是直接承担的之职.
我们状约他们中午死一块吃吃便饭.他们好约而来.今
天又之会表的前后一天.招号良忙得不可开灵',他此饭桌与大家
也了几江玩笑了.吃过饭.郑州来的几位.乘两辆车追郑.

今日到此:陈进良.花秀国华.未维忠.冯友本.

1997年6月7日. 出勤统计:

陈世良　　　18天.　　　李银安　18天

冷高本　　　18天、　　　甄学草　10天.

作焕牢　　　11天、　　　张玉石　3天.

注: 由旅夜也加班. 陈世良. 冷高本. 李银安各加三天.

作焕牢. 甄学草各加二天. 张玉石加一天.

1997年7月17日.   星期四.

文物局会议室.

加人：杨焕成. 张文革. 赵会军. 司伦平.
　　　张永太. 龙炳年. 陈进良.
　　　杨文教. 张反迟. 赵根苗.

内容：研究西沃石窟发子问题.

文革：①怎么进行？　②复�道（水、电、路）　③哪个日程.

焕成：越大的向斗转. 也行好. 争使也有个作防延迟问.

根苗：门挖了三中. 门低. 千佳忘设备隔夜之来. 崩石恢复越建
　　　就行了.

文革：进行考古有方案. ①扒坪　②二次搬迁　③改造太白.

文教：除进文物外. 还需进车机.
　　　：保护唐太子. 风格也异. 如有可神. 即电向需搬迁. 进付给
　　　了一万元. 还欠3~4万元. 也得付给. 那是独立小院. 一切有
　　　都可解决.（张纺国隔坪）

文革：机械吊装气个系列. 路从那里开. 损坏什么. 看子什么.
　　　还是两个系列。
　　　三道问. 水电. 也得定一下.

石：海校打浮井石. 附近中都没有水了. 外边建设都是拉水.
　　　从海校 或河已拉都可以.
　　　：用电. 费同建设单位付.

张友军：保护房的问题。先把石窟复杂以设界限。排个时间表。

区：东西发多后，如不盖房，很不安全。最好以做，以区有式交接。

司：七月底以前，抓紧起邮电局的地块。

拓：回去后我们立即进行，再下好时即定专人。

1997年7月25日.　　　星期五.

今日给张仪超去电话. 白天打了两次. 李云接电话. 张仪超不在. 晚, 张仪超来电话. 说明天上午拓县政府有关人员开会研究. 有什么情况. 马上通知我们.

1997年7月28日.　　　星期一

今天下午给张仪超去电话. 询问征地情况. 张回话说这几天都很忙. 今天会没有开成. 拓县长通知县邮电局. 城建局的负责人. 明天上午一同去银行. 政协研究. 今后有什么情况. 随时通告.

1997年8月4日.　　　李云. 星期一

上午九点10分给张仪超局长去电话讯问. 张说: 现在为止. 有关的几家(城建. 邮电. 公比. 拓署)还未在一块谈过. 上星期去执行. 城建未到. 5一今我再去找拓县长谈此事了.

1997年7月11日　　星期五　　　　晴。

搬文物向研究两次石窟发掘问题

参加人：张文章　司�.平　张之武记

张家太　笔炳华　陈世定

张局长：收击已搬出来了，今年至少□，排个日程。哈时扎墙，

扎个套电阀，支少女人，水电阀，你世字坤向，把它叫来，协

商一次，古建与两个队一席叫．了，初步定下星期三五会。

司：①工作时间，着天之空阳干，铁少无水，工程在批保证。

家太：中间层之设计，没悟清，三边找古建阀，如变僵毛状，保护房或

窗状弄干，住房也不变。

文章：房子也就阀说过，□．三边向．只先技术向．保护房向．

家太：房子向．杨向专之有服石角指定．某么世书．之写反向。

文章：质先说的之抓大方．科助地5万元。

家太久：如果殖先扎八太方．那一切向就解决了，我向还可用科助一

部，把大方发了。

找迁它子．习纸省当走到．以与便宇坑，找迁科坎做咛

木材状。

文章：考硬大一些．后西坤必石弄．是假之状。

家太：让小吕两腹轮一道，若硬状不阀出向，或加北庆之层，

或加原松。

9）中7月4日　中年丝艺。　　　　　　7月16日大河文化报
　　7月10日　中央电视之晚间新闻。
　　7月13号（左右）河南电视台。

龙：水的问。

应太：立住问也得有个名信，材料都在我们这儿，我们也可在
　　适当时候，较详细地报导一下。

　张家太决定。7月17日昌平的各方参加的协调会。会址设物局。

　会后，张家太、陆世良，霍福军向杨局长作了汇报。杨局长还
是持建保护房，完竟建什么样子的，杨局长批留再研究坊
宁壽后决定。

四朋工地出勤,

四月份工地出勤

陈世良　　　　22天.

浮复林　　　　26天

李银忠　　　　13天

李中翔　　　　18天

从 2月—5月29日　总出勤天数.

陈世良　74

浮复林　73

李银忠　50

李中翔　33

甄守亭　23

陈平　　5

花绍华　5

第二章　西沃石窟复原工程日志

西沃石窟

复原

工程

1998年2月17日. 农历正月廿一日.

今天由冯翰林开车去新安铁门安排石窟复原工程施工.
上午到达县城. 与县文化局张仪超局长取上. 无张向黄陵
问下. 下午到铁门千佛洞. 赵根堂、张建华二人皆不在.
据说. 他们去西安了. 晚一、二天才能回来. 张向長与赵根
堂的夫人交待了一下. 让帮助工人安排用水、用电日有度向.

工程队刘和与两名工人来此坊. 安排住宿、伙食.

据⽴元月廿一日(?) 有向张文華局長. 张家太队長和陈
进良在此坊与赵根堂一块研究的石窟复原位置. 即
在新建的院内. 方向以院西的南北围墙为准定位.
石窟复原石向南. 与墙位正好相反. 具体位置是, 保护
房距围墙之来. 前墙与围墙之低相连处为准进深向此
排移. 这次只参考复原石窟、保护房的, 以便再定.
与工程队具体划了界线与工程作情. 交给他们施工图
纸. 按图施工.

1998年 2月27日　星期五

今天陆也良、魏宇平、毕作杰来锐门。

石磨基工作到七度内地面平，向下下40cm厚的砼老础，之上砌70cm毛方毛石，之上为料石（高60cm）。当时发现砌石的水泥砂浆中加水很宽偏小。印与给工程队指出，工程队反映，原指定的地面高度太低，又向上提了20cm，我们认为这是恰当的。之后又给工程队提出了急切实保证工程质量，他们说一定吧，按工程队估计，此3月4日老础可打好，以下就是焊装，希我们4手要按时来之地。

1998年 3.4. 星期三. 晴.

昨天接工地刘刚电话. 石窟基础已经做好. 眼下就要包装. 但与世根商议了二三次. 都说不如去建筑的人知道不好办. 陈世良接电话后. 与世根商量了电话. 也说. 没什么问. 可以包装. 请又给工地刘刚过电话. 但刘仍说还不同意包装. 非让世良叫的人知道不行. 陈世良又给世根打过电话. 赵说他明天(4号)早上要去郑州. 到文物局董个事. 我去西安. 一星期不在家. 叫陪他约定明天(4号)上午9:30 北时在省文物局见面. 张家太处长正好好记者商开会. 托赵扣过了电话去请他. 他与张约定记. 明天上午到世根去.

今天上午9:20 陈世良与张家太北时到省文物局. 一直等到10:20. 世根也才来到. 无张文章他还来接了. 商定了石窟装包工程问. 赵根去接报什么间. 也说全方的合工程. 陈世良说. 就几天去铁的二次. 都没有去叫赵. 带去的看资费心的. 因没人接收. 也没去成. 赵说. 那不是.

会后. 张家太. 张也石. 左绍华. 陈世良四人到刘安二号地吊封安. 与县局停局长见多了. 在一块吃了饭. 话后北铁节. 世根去说. 他与上从郑州返回. 但当时不前回来. 在工地张家太对高宁了工程在说等做好的基台. 排架木扎弄议. 块石窟包装好后. 再会考虑什么样的保护房.

1998年3月5日.　星期四　多云.

2号窟队今天安排吊装.

租赁站二焦李师傅40万吊车，因吊车昨晚连续爬坡，微毛.又加上站内铁道路口今天施工，无缝连很迟才解决完，所以吊车来到我站内时.已将近下午一点，工作人员这时才吃午饭，吃罢饭已二点多了.这时才开始吊1号窟切块。吊上运输汽车比较顺利。但在由电4楼往运往安装地点时，因要下坡，且路又不太好，尽管吊车司机反复勘踏线，但在运输时，还是出现了十分惊人的场面，汽车南边的后车轮引出滑向下的小沟，整个汽车就向南偏了，司机立即行车，车上的1号窟向南倾斜，工作人员都十分紧张害怕，若这车翻了、或石窟向南倒了，那将造成无法挽回的损失。二人们立即采取措施，把北边的路向下挖，前面再整一下路，开车的十分谨慎小心，一点一点地向前进，终于渡过了最危险的路段，这时大家才松够了一吃。一直到下午6点，才保把1号窟安装到位。但从上看，还不太正，东路略高，还需进一步校正。因租一次吊车费用较大，所以抓紧时间把大佛来吊运过来，这时已七点多了.

　　以后.发现这轮的运车都压在中间阿片凹了.

　　回想今天的吊装.实比较又后怕.

1998年3月6日　　星期五．阴．刮北风

今天二人正做安装基台的工块的活。上午把1号窟外的精钢框架切去。把进院时压煤厂的行轨间枕今又物起。下午，用岁大型锁作托杠．把1号窟的基座，水平位置找正好起底下垫垫都切好．

赵根亭今天仍未来已．

昨天早上刚上班，陈世民也无曲陪阳水泥毛锁行镇的路上．接到张家太的电话．他说让陈在业余时间把宅时的年度工作计划给于起邺．又让张出石来详谈了一下．陈对张出不了解．陈平的邺坡不爱．张后，陈平也不会在这里很长时间了．从大内春度还是说一季度．

这次来铁门、李中甫因作康己老子坡口碎刻陣邦方．半孙银忌因病住院．露宁年因妻人将他使义．邱以元人来铁门一块工作，只有陈世民一人来收场．

铁门缺元住处，只好在三华里之外的除陽水泥厂吴镇边．但吃饭很有问题．早暄也赶不上吃饭．中午就和工人伙上随便吃一些．晚上，吃饭问题就是难就．

1998年3月7日—9日。

这几天2人一直在砌石块，做色装其包块加难高。加固倒塌出了毛病，也我不计会造成运输困头，只女到一张人去传阳找倒塌。

1998年3月10日。

从昨夜起地下起了雪。早晨大地一片白茫。2人休息。从12时以后，这路上的雪变为化雪，他一直下雨。晚上雨仍未停。

1998年3月10日，

因下雨，这几天之途转凉，我带的衣服有些为少，又因也买不到，决定今天去回郑州。又去鞋好后之即返回之世。

1998.3.12.　星期四.　阴

　　今天下午，张九孝来所宣布文化厅有关所主单位化色情况，所乙及所部宣之化和到研以上人员会议，指出宣布了张士中退二线，化到调研员的通知。

　　我到会场时，向记己离去，会议也散了，我向所长、书记、纪委回报了之地的有关情况，并论明天还支之地，张家太论下星期之开始所乙各科室聘任、签订责任目标，要求定期一定论回，并望近几天时间，把科室的任务落实一下。他们还论所己已下发件，各科室的之任，任之比乙确定。

1998年 3月13日. 星期五.

今天汤彩秋,金东与陈进良一块来工地.

这几天已把2号洞和1号洞右侧的二块安装好. 用的是随校的8T吊车. 因切块较小, 安装段还顺利.

在安装1号洞右侧切块时, 其下边的石砌墙层复原向内收20cm左右. 这种作法也包括主佛及1号塔在内的整层, 为加之先安装好上另块后, 再用砂浆石块填充, 以使整个窟区前后相协调.

每个切块在石来未与岩体切断之前, 均做有垂直和水平基线, 在安装时都以此基线为准, 以保证老石崖复原的原貌.

各切块的锯口, 都恢复斗石锯时的状态.

1958年.3月14日   星期六.

今天工人们画画砌石窟切块后廓的背石、背部石块加暂砌,是用毛石.只要求坚固,目的是固定石窟.

晚上给朱作立去电话,让明天大卡车接.

1998年3月15日　星期日　阴，5度小雨。

上午九时半，13发来奔车来接。

我们到之地久待，余下的几天，是装时接时一定要小心。2人派人到选号预回新的10七绳链，北岩这，吊花千唐志院内的1号塔和塔笼区切块。同时要那2工人，在安装时一定担照电，和切浇上的芭线，保证子孔。石窟不部的补砌，要求石缝一定要小，要与窟区外孔相似。

随车回来的有陈锡珍寸。在一块拿吃了千唐志以后，于11时离开返郑。

1998年3月16日——3月23日，星期1—星期1。

陈世良技师已辞去回许昌了。但从星期一到星期二，所长、书记到文化厅开会，星期三已星期日所长、书记也又去南阳，整个一星期所里没有任何了结，我也不知他们什么时候回来，也不敢离开。

其间，刘和和之地负责人苏先陆家打电话，说所有切块都已装就位，还阴来之地，无邮片记之作。

23日，星期一，所长们上班，陈之邀我到他们汇报之地情况，工程很快就要结束，需进一步安排下边运体搬序问题，要设计图纸是否可用，得让设计人员到现场再看一下。另在家太要求下午请文物局主管经费，下午陈进良、张太、王石、炳年一块去文物局，但张文学局长有政协开会来不及，我们向赵会长、司阁军汇报了工程进展情况，请求他们一块到之地看之，要切磋房快搭好保护房经费。

同时又向他们汇报了陵出恩差旅之情况，石窟复原位来之人就差旅费，请求尽快拨付增拨经费。

1998年3月24日　星期二，阴，小雨。

今天 张家太、张以石、崔炳年、张士锐、巳周奇、寺中朋和陈世良以及者向司伦平都抵房回来，先到洛阳买林3验收钟鼓楼修修二程。下午将近5时，同事又来到二地，这时雨下的较大，与张汉铭同事来。

大家群斗石窟各切块都已找住，希找博意，主佛以上看来有些向西歪，但经与原若伐较验，N无误差，说明原状如此。

对石窟下尸新砌的工艺，大家都很博意，对工程加作戍和质务，无人抂出异议。

大家议论较多的是 如何迟保护房，按斗来的后斗将来石窟就被房又墓住，吧不的像，也不利于参观，大家比较一致的态之气，保护房不要前七书，这样就可扎石窟匿起。

下午6时，大家高开，陈世良尚在二地。

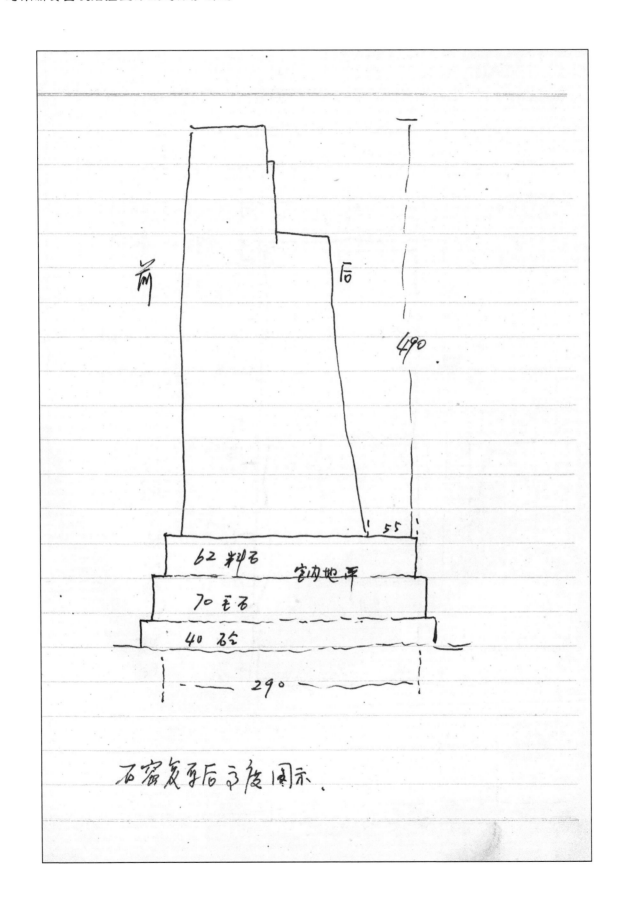

前　　后

490

55

62 料石　　室内地平

70 毛石

40 砼

290

石窟发掘后示意图示.

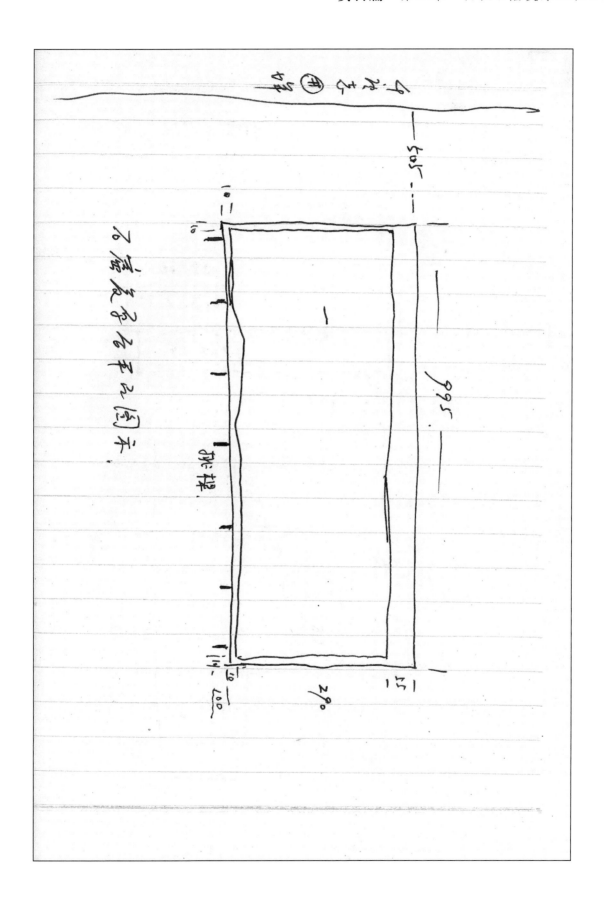

雕刻品统计：

洞窟 二个

佛塔 四座.

屋形龛：50个

塔形龛：51个

圆雕像：278尊.

（供养人： 佛像.

飞天： 四个. 莲花化生 一个.

1998年3月25日 星期三. 阴.

今天工人仍仍补窟前脸和窟顶. 还有三人用坏乳水泥和素水泥补石窟切块错缝和砌缝.

1998年3月26日—29日.

这几天工人们用水泥. 环氧水泥封缝. 用电动钢转刷清
除雕刻表面多余的表面烯醇. 总之 老板表现认真. 另外还用
乳胶. 水泥. 石粉甘化表面新切的石块上做旧. 要达到老的石
头质小 状 必须功夫. 但他俩太匆忙的清刷. 使表面彻不均
润. 又让他俩用刷子们不到. 功果略有改观. 但仍无此卖、
29日中午俩俭情报. 功果梢好. 当地民红找买了70元的
半只羊毛、在晚上均毡杀. 工人皆大欢喜. 不美. 隆二老带队
收均看秩好, 买羊人之钱撒高.

1998年3月31日

上午一上班，陈世良给张家太局长汇报工地情况，龙编华张比石也在场。向他们汇报了工地完工，需立即着手安排下瓦盖保护券面工程和请求省厅验收。会上，立即决定由书记杨局内汇报。

张家太、徐云木、张比石、陈世良、龙编华四人立即去省厅汇报。今天是省局搬迁新址上班的第二天，赵全宇、刘俊平、张锁忠、孔铮珍听取了汇报，张文宇局长当时的汇报工作了，未参加。

会上主要由陈世良介绍了工程情况，请省厅能够内地给人员验收，拨下期工程款。同时也请求拨给办公设备及车辆款。

此要请求定于下午星期一二，吃饭是验收，保护房如何建，先解决二个方案，重处经费，立向局长汇报后再定。

1998年4月1日 星期三.

今天上午. 后菜方. 后业石, 陈世良. 范福举. 己
去市文物局找 后句志, 因后句志这几日正参加 筹
备 申报 后 五月1日开馆 和 几天放 老院所的会者
文物工作会议, 又 加 之文 比 不 好 开言 也 无 去 也.
此 消 未 却 无 此.

98年4月10日. 上午9时.

省文物局司处长陪中国文物报刊社长李文仪和解冰
来站采访有关. 小浪底水库文物方面的工作.

参加人: 司法平. 李文仪. 解冰.

张家太. 徐云木. 范纲华. 张长石. 陈世良. 陈平. 孙红梅.

1998年 11月 2日.

今天早上 花炳华 告诉我，昨天晚上 常俭传局长 打电话说，西沃石窟搬迁是件好的好事，为河南做了一件好事……. 请你一定把这话告诉陈进良.

我听了心情无比真正其妙。不久, 储家太 也对我说了这些话. 也说是 常局长 走行, 一定要转达给陈进良.

后来，我才逐渐知道, 在10月30日和31日, 省文物局 的 常俭传, 赵会军, 杨工威, 王爱英 (张文武?) 等, 及 杨焕成, 储家太, 花炳华, 杨保顺 甘, 到洛阳开了一个会, 据说议题有二. ① 研究洛阳两会馆问. ② 研究西沃石窟问题. 在这个会上, 赵根古, 武义义 (对书都向意), 张连华 甘, 谈了西沃石窟搬迁在水的保护问题.

用粹、切割的有关问题.

1. 方案上说是切割. 为什么用钻、锯、凿?
   ※ 这是具有挑衅性的问题. 其用意可以说是,
   司马昭之心, 路人皆知也!

   ◎ 的确. 在方案上和工程报告上都使用了"切割"一词.
   这要让刚识字的小学生来地辩. 那就是用刀来切, 用刀
   来割. 就像切豆付一样, 割纸一样. 但我们这里所
   指的是岩体的切割. 恐怕略有岩石知识的人都不会把
   对岩石的切割比喻为像切豆付一样. ◎ 所以这个问
   题也就不需解释了. 如果必须解释的话. 那我就只
   有请幼儿园大班的小朋友来讲解了.

2. 方案上讲, 在运输时运库上要装砂子. 把石窟切块
   放在砂子上. 整体运输时. 为什么不放沙子?

   这要首先是要把装沙子的目的搞清. 我认为了在运输
   时汽车引起的震动. 会把块体震坏. 装沙子可减小
   震动时对块体产生的影响. 这某人指出没有装沙子
   是事实. 但不是把我用碎石替代沙子的事实

给否定了！卸车后，又卸下几大堆碎料，放在路旁。我想这也不会不被人看不到眼它吧？且不要把这石料当做沙子使用完了，还在料气从~~保~~ ~~而来的~~ ~~被~~元上掉下来的！ 有了加的钱

石料能当砂子使用，难道还起不到防震的作用写？

但是从化学成分来讲，沙子是以二氧化硅为主（SiO_2）石粉则是以碳酸钙（$CaCO_3$）为主。确实有本质的~~区别~~差别。于是，我们不妨做做化学试验！

3、一个块体上竟打了35个（?）钻孔，把岩体都震破了！

一年级的小学生都知道瞎子摸象的故事。但这故事在城市里对小学生讲，就不很会引起反映。那因为他们大多都在动物园见到过大象。比左说这故事似乎与上边的问这无关。但实际不是，它们确实存在着内在的联系。

到底在一个块体上是否打了35个钻孔呢？我说你说的太少了。就你所说的那一块，绝不只是35个钻孔。你看到的只是当在块体上的一排，而我们在实际打钻时至少是打了三排，那就是105个钻孔。这只是你会看到的一块。你看不到的1号窟底部的钻孔更多了。至少在

150个以上。我看这真有支腾探案的味道。

这么多的钻孔，吹这不对岩体产生影响吗？是的，把岩体都钻成蜂窝了，我们要的就是这种效果。钻这么孔不震动吗？这要[需]去问去看到使用电动凿岩机的工地现场用自己的眼睛去看一看，听一听，我会得出结论。不必我为你解释。

4. 立佛产生新裂缝问

这个问题和上边的问相联系的

解决石窟问会议.

地点、洛之阳局会议室.

时间：1998年12月1日.

参加人：常局长、杨局长、牧会宗、张荣太、旦爱英、
孔祥珍、张文斌这、杨巴威、印挺礼、韩侯恨、
陈进良、张出石.

牧：石窟搬迁问题、采取专家、你分别几地场进行
引调研。在洛阳府会市的组介的动、工程
质方不错、也在花一些时间，内查陈反续
一下走之、进行整改。幼9的收到些事件.
不采之、得下、成功的经验和不足.
这时、失说经经、成出不足、如今发了呢
帅路.

杨煨成：上次孔洛阳的个小会、石窟搬迁之完之方例.
知论分别有优类也有缺类、有些之质方向.
有些之人多美长向、劲手纪好、百话命说、
发说：整体搬运之的功的、吃苦、风险.

文物、人员都安全，搬运走饿过了呀功的。圆
满一次，唯受方些不足，改进的发扬。
① 人陆是往上，处理的有毛病，有经验。
② 石方面，在苍老大家石的性死了，已
千年以上，本身有裂隙，切割会进的工月
轻度的损坏，建扩大一些，有效。要露
天有效，直接下上雨，要进的一些拆去。
施工中有些地方粗糙，石边填充石门
粗糙，后方件的山体功架，它玩石此止的
功架。墙下花石边门工引。房死石敢到
用石密的着石区。粘结部分有些粗，
氧外露。有些裂建死施工采购
加固的水闭。栈适色不对。
　　　　　彩陶问。
常局长：没去上家，有一种着作，亮了以长很觉宿，搬过
之呀功的。之下了许多功劳，历尽艰辛，忍各
风险。咱们口某苦倒，不免许出一差死这城
地方，之不改实的，成功应亮彳皆堂。

两侧的岩壁也连在一体。栈道不时那折车
平走实一气。佛脸上有掉的小块，应引色定位，
不时再扩大。

家太：传的照片，说石头从车上掀下来，主佛的碧
纹是平敷还的的。到坑坊以后，向它的缝隙
都已补缝好，两侧已发黄的石头。

两侧已似成像石头的样。用水泥粘一下，
后坝不让看，顶上有裂纹的石头处粘一下。

基础没有变化，地基也无保障。

主佛核的裂缝。

切割的问，二天不够简单加蛇的为用刀切。
列车震动确实很大，缺铁路千唐旅运的
地方只有12米，5分钟一到火车。

表面加固问，栈道问。

杨体顺：石窟距铁路太远。小地方的切洞问。

张铁运：① 切割的方法接动大。
② 勘对缝 ——— 表面处蛇向。
③ 主佛裂纹8道。

④、切缝之茶. 立先加固.

⑤、背后美石 立处处.

⑥、之佛架缝如固处处一下.

⑦、塔上接缝水泥.

⑧、找造.

⑨、石佛、石塔桷定色处细小碧缝.
　　欢察记录.

⑩、两倒搭成山体断口.

⑪、2又境排水门.

⑫、保护房 门碧缝.

⑬、安防设施.

乙爱英：定之后，把决挂搭一下.

崔太：常两良君了处功以后。找定2方对间
　　　发布会，定大加出使.

杨戏城：找的不少 之爱向言，方争飞隙过论许的
　　　工作中改变了，达之个大向. 搬运中之
　　　人有失严肃，有一块摔断了.

常局长、杨局长都肯定了工程的成功。张明在作了些说明和探讨。我代河南在维护自己以后意。

郭批审：把修改的明确定一下、把时间定一下。

许处长：找适之名义下保留色。

长会手：1. 成功。

2. 在孔向、确定存在一些量方向。但不是大向。方法需进一步吃透。

3. 整改向、厚利地坊者一次。明显要有改正、12月20字以来要改。把时间明一下。

4. 新闻发布会、放在99年之月一2月。放以手。

① 新闻稿 —— 价值、技术、经口径。

② 吧作。

③ 地点：　　　以省文物局名义发。

5. 研充向　　搬迁报告。

6. 决算.

7.

引岐之仆一次拍洞窗后失妆的.

杨局长的传八声① 新闻报手.

② 进门、好了 1.5小时. 不让卸车, 将二次送稿

③ 要增加遣收设.

④ 野蛮装卸.

1. 切割.

2. 装砂子.

3. 打孔 35个 —

4. 主佛裂缝. —

5. 不听他的建议. —意孤行. —

6. 野蛮卸车.

7. 基砚 —

8. 人味之仕.   与义爱斗 文化局.

9. 有些地方粗糙. ——后背.

10. 有些坏氛外露. —

11. 细裂缝加固.

12. 施工造成不同程度的损伤. 继续扩大.

13. 山体动半不稳.

经济句.

不推了事做.

14. 露天存放，不遮盖，裂缝扩大。

1999年6月8日 下午 3时.

西沃石窟验收会.

杨焕成.赵会争.张家太.杨保顺.郭振岁

笼炳华.陈进良.郭引强.(洛阳敬 地局)

新安县 安县长.武局长.张汉超.

袁根芝.

杨焕成: 今代对对讲 无香?宝同努力入.取得
    了圆满成功. 阿斯旺已迁动完毕等科守头
    指的。这它的圆亦一例. 已河南的芝学. ②
    出加光荣. 但也仍左不足的地方. 搬
    迁时没有造成丢失. 既去得到老色保护、
    有些细小的掉查. 横封处又作了旧. 没有
    污浊画过. 保护房由原有脱落.

正式构之石，多加尾保护占位　连接石通道
堵起来，窟前可用绳子围起来．这式子档次．
二气保护石利、　组织文章占位．

部结辖：

张子太：这工程陡几年的努力．过去搭这个工
程．有以行都不像此工程这么复杂．我们
的领导给予的支持也气很大的．
　同意构与飞加评价．同意验收．例文

杨保顺：气抢救性的．一无丢先二无损坏．定要
地迁即时地．
　　今代主从吃辟．陡2环境处挖一下．加强
占位报导．

文内单：这次搬运成功．是要有有关单位的共同努力

振男：1. 注2对石窟的欢例．
　　　2. 注2——寿护——通风(防尘)．
　　　3. 防道．
　　　4. 保护房内搭一些搬运过程展览．

301

俞劲强：方案搬迁考虑也了大力的，拆取的内表示王组，今后要保护组。因为也是前研，北还定不了会有一些不足。记收卷善地。

武局长：(另).

张汉超：

赵相嘉：

1999年

后记

西沃石窟是小浪底水库淹没区地面上文物中唯一一处省级重点文物保护单位。经河南省政府批准需对其进行整体搬迁保护，为了抢救这一历史珍宝，受水利部小浪底水利枢纽建设管理局、移民局和河南省文物管理局的委托，河南省古代建筑保护研究所（现河南省文物建筑保护研究院）承担了这一重任。从1995年4月开始进行前期勘察研究，经过抢救保护方案的制订与论证和施工，到最后又按原状组装复原，共经历了整三年时间。

本书记载了西沃石窟从前期勘察、施工方案的确定以及施工工艺、采取的施工技术和吊装、搬运到最后的组装复原一系列的工序进行了详细诠释。西沃石窟为全国首例石窟整体搬迁工程，在做搬迁设计方案、施工定案以及搬迁过程中，积累了丰富的资料，为将此成果成为后续同类工程的借鉴资料，经过研究将成果结集出版。

经过一年的努力，本书即将付印，在此我们要感谢张家泰先生，在初稿完成后，张家泰先生老冒着溽暑漏夜审读了全部稿件，指出了疏漏与不足，提出了很好的意见和建议，并欣然作序。张家泰先生的序文，既有对石窟搬迁研究方法，施工方案订制与搬迁预案的评价与倡导，更有对后学的激励与奖掖，溢美之词让我受之有愧，我将此视为前辈的鞭策和期待，铭记于心，付诸于行。

同时感谢杨振威院长，本书从立项、写作到审校、出版，杨振威院长都给予了大力支持，做了许多具体工作，并在繁忙工作中专门抽出时间审阅稿件，提出宝贵建议。

为了该搬迁项目的顺利进行，单位成立了西沃石窟搬迁工程专项项目组，陈进良先生为该专项组组长，专项组成员为 陈平、孙红梅、甄学军、李银中、李仁清、冯复林、李忠翔同志。在工程实施过程中，开展勘察、测绘、摄影、资料搜集等工作，该项目还得到了中国地质大学李智毅教授、王建峰教授，中国社科院考古所李裕群教授的鼎力支持。河南省文物局原副局长张文军，文物处原处长司治平，河南省古代建筑保护研究所所长张家泰、书记崔秉华等领导同志曾多次到施工现场指导工作，我们在此致以诚挚的感谢。

石窟搬迁保护工程是复合型学科，需要团队的协作配合。从西沃石窟整体搬迁如期完成到成果的顺利出版，是大家共同努力的结果。本书文字部分，由陈进良先生主笔，甄学军参与撰写整合工作，图纸、图片部分由甄学军负责。由于该工程时间相对久远，部分图纸、照片都已经变色，为了成书效果，李银中、付力二位同志又前往复原地对西沃石窟进行了数码拍摄，张妍同志参与了该书的文字整理工作，刘彬同志将部分图纸重新描绘。

本书虽已付梓，但仍感有诸多不足之处。对于石窟搬迁的研究仍然需要长期细致认真地工作，我们将继续努力研究探索。

至此再次感谢为本书出版给予帮助、支持的每一位领导、同事、朋友，感谢每一位读者，并期待大家的批评和建议。

甄学军

2019 年 3 月 28 日